管人36計

攻略版

《孫子兵法》&《三十六計》
的人才管理與智慧應用

許可欣　編著

晨星出版

前言

管人是經營公司成敗的關鍵

管人是個講不完的話題，人力資源是開發不盡的寶庫。隨著市場經濟的發展，企業管人的標準不斷提高、管人的技巧也不斷的變化。放眼望去，當今社會成功的企業與老闆，無一不是在管人方面有其獨到之處。

公司不分大小，人員不在多少。只要善於彙聚眾人的智慧，善用各式各樣的人才，各盡其能，事業便可興旺發達，享受成功的樂趣。

公司經營的成功與失敗，與人事管理有相當大的關係。要想讓你的公司充滿活力，避免在人力資源方面捉襟見肘，就必須花費心思選好人才、用好人才、留住好人才。一個由優秀員工組成的團隊，能夠抵禦任何艱難險阻，使業務蒸蒸日上。如果管人不當，把工作交給不負責任或能力不夠的人去做，必然成事不足，敗事有餘。在有了得力的人才以後，創造出和諧的人際關係與齊心協力的團隊，是十分有必要的；如果公司內部員工出現人際紛爭，管理者的職責須介入排解衝突，會消耗管理者的精力，同時也損耗了公司的元氣。若是管理者整天忙於應付人事紛爭，哪有時間和精力，操持公司的業務呢？唯有大家團結在一起，公司才有可能創造出更多的財富。

身為管理者，僅有管人的意識和理念是遠遠不夠的，還必須擁有識人的慧眼、募才的絕招、攏絡人心的技巧，以及激發員工熱情與幹勁的種種手段。

本書汲取了《孫子兵法》與三十六計的智慧精華，適用於一般中小企業。書中總結成功企業的管人經驗和失敗企業的管人教訓，歸納出三十六條管人原則，為企業管理者提供了一整套立竿見影的管人實招。其中既有一般通則，又有實踐的具體做法，細微深入地探討公司的管人規則和策略。從管理階層到普通業務人員，從財會人員到銷售人員，講述了挑選和培養使用各級、各類人才的原則和技巧。同時，也有著眼於公司未來發展的遠見韜略，是公司老闆選才、用才、育才、留才時，一部不可多得的錦囊妙計。

目次

第二篇

用才

馭人的技巧

領導者的修練

第三篇

育才

點燃工作熱情

提升能力

第四篇

留才

知人善用

適才適所

第一篇

選才

人才甄選要點
人才晉用決策

識人之道

如何找到最優秀的人才

太公曰：「知之有八徵：一曰問之以言，以觀其辭。二曰窮之以辭，以觀其變。三曰與之間謀，以觀其誠。四曰明白顯問，以觀其德。五曰使之以財，以觀其廉。六曰試之以色，以觀其貞。七曰告之以難，以觀其勇。八曰醉之以酒，以觀其態。八徵皆備，則賢、不肖別矣。」

——戰國．《六韜》

◆從海納百川開始

真正優秀的人才，往往是該領域的翹楚，在某些層面擁有過人之處。管理者如果擔心「功高震主」，或害怕被屬下給取而代之而無法拋開個人勝負、輸贏顏面等無謂的考量，就很難幫公司網羅真正的菁英。就如身材矮小的武大郎，為了經營一家飯店而廣徵人才。唯一的條件就是不能比自己高，結果，導致飯店中的服務人員都是侏儒。

識才關鍵在於管理者的心態

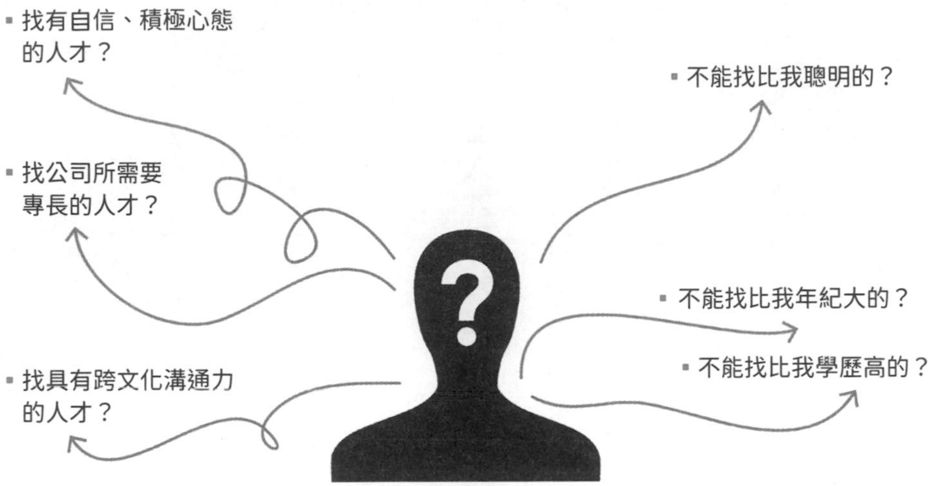

▪ 找有自信、積極心態的人才？
▪ 找公司所需要專長的人才？
▪ 找具有跨文化溝通力的人才？
▪ 不能找比我聰明的？
▪ 不能找比我年紀大的？
▪ 不能找比我學歷高的？

「武大郎開店」的故事，極度嘲諷了心胸狹隘的管理者，也說明了管理者的心態，往往是識才的障礙。

歷史上的成功者從來就不怕下屬的能力比自己強：劉備的五虎將個個武藝超群、驍勇善戰，身為君主的他，反倒是樂得被保護；他明知道諸葛亮神機妙算，文韜武略，卻從來不曾提防帝位遭到竄奪。所謂：「能容人，才能識人」意思是一個人的事業有多大，就看他的度量能容納多少。管理者必須放開心胸，才能在信賴與感遇的良性互動中，共同為企業出謀劃策，甚至達到超越預設的目標。

◆ 多方聽取意見，才能辨明是非

《六韜》是以周文王、周武王和姜太公對話的形式寫成的一部兵書，雖然現代已不適合用所謂「試之以色」或「醉之以酒」這種古法手段了，但多方面的觀察，絕對是有必要的。工作經歷和表現是最主要的考量點，磨練和經驗是使人成才不可少的條件。可以問問其他同仁們的看法和印象，因為這些意見可以去除掉自己的主觀因素。也可參考外部合作客戶的看法，或許比內部同仁們的意見更加客觀。「性格決定命運論」雖然有偏頗之處，但社會心理學研究顯示：「一個人常把自己想像成某種人時，他的語言和行為就會自然表現出該種人的樣子，人生道路自然也會朝著該方向發展。」員工對自己的評價，有時可反映其努力傾向與程度。在公司裡，常看到某些員工的無限潛力被無謂地浪費或未能得到充分發揮，實在很可惜。為了公司的利益，主事者應善於辨識人才，使之不被埋沒。主管如何發揮識人之明找出所想要的人才，以下有三招：

◇第一招：什麼人才是有潛力的員工？

潛力與執行力不同，如果後者是判斷一個人能跑多快，那前者就是預測他是否能飛。員工如果具備開發的潛能，也就意味著公司也能獲致提升的能力與格局；只是潛能並非爆發於一朝一夕，往往需要天時地利，再加上經營已久的技能培養。所以判別的參考點，必須適當延伸到專業以外的範圍。

日本推理劇裡，那些又高又帥的主角們，日常的表現和普通人沒有兩樣，但往往在需要解決難題的關鍵時刻即時展現十八般技藝，解決許多疑難雜症——這就是潛力的表現，而這些能力，則必須成就於平時層層累積的歷練。

判斷是否具備潛力可從以下方面著手

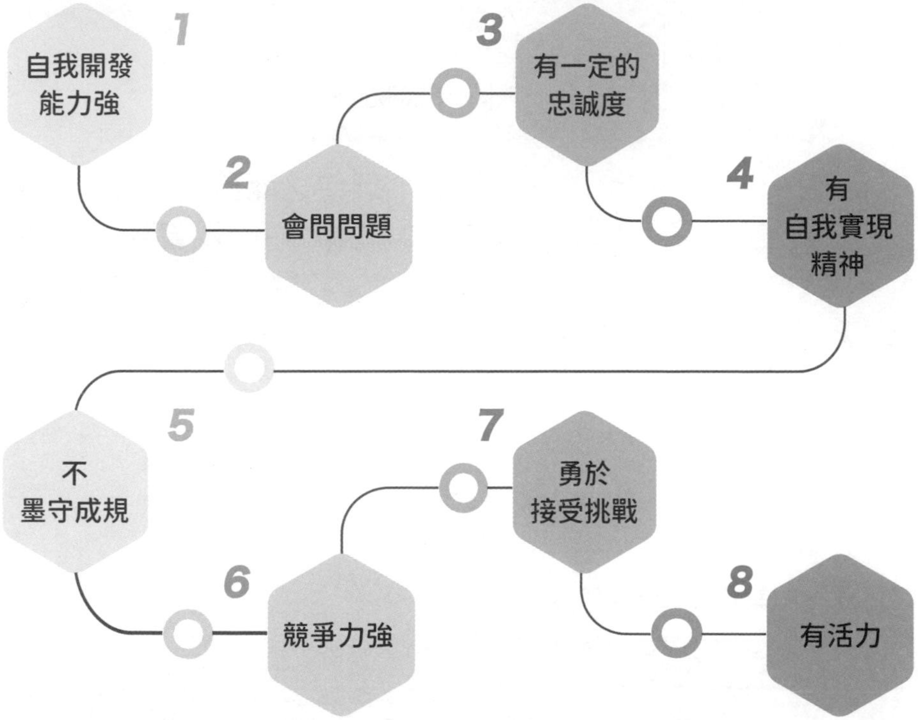

第二招：不能見樹不見林

對人才要全面識別，切忌一葉障目，而不見森林。「一葉障目」的意思是一片樹葉遮住眼睛，就無法看到眼前高大的泰山。如果一個人缺點太多，或某方面的缺陷足以為事業帶來致命性打擊，即使他有其他專長也要謹慎以對，以免得不償失。但更重要的是「金無足赤，人無完人」，這句話的意思是沒有百分百純的金子，比喻沒有十全十美的事物，也就是說不能要求一個人完全零缺點，更要有「瑕不掩瑜」的觀念。如果不全面地識別人才就貿然棄而不用，將造成優秀人才被埋沒或扼殺的結果。

識別人才的九大方法

1. **遠使之而觀其忠**
將他調到外地任職，以觀察他的忠誠度如何

2. **近使之而觀其敬**
讓他在身邊做事，以觀察其做事是否謹慎

3. **煩使之而觀其能**
派他做煩雜之事，以觀察其能力

4. **卒然問焉而觀其知**
突然問他問題，以觀察他的機智反應

5. **急與之期而觀其信**
倉促約定會面時間，以觀察這個人的信用好不好

6. **委之以財而觀其仁**
託付他大筆財富，觀察他是否為仁人君子

7. **告之以危而觀其節**
告訴他情況危急，以觀察他的反應和節操

8. **醉之以酒而觀其則**
故意灌醉他，以觀察其本性

9. **雜之以處而觀其色**
與眾人雜處，以觀察他的待人處事如何

第三招・聘用真正優秀的人

一名成功的管理者，必須不惜重金禮聘優秀的員工。成功的企業，應該努力尋覓優秀的員工，盡量花時間測試每位應聘者，並盡力發掘他們擅長什麼、具有什麼技能、是否真正適合這份工作、是否容易訓練和改變他們。應雇用有積極心態和良好性格、容易相處的人，誠實、勇敢也是考量的重點。

記住，第一印象不一定正確，因此招募員工的時候，不妨先研究他們的履歷、了解相關背景、充分進行面試。你可以帶面試者參觀公司，觀察他們感興趣的程度，他們會提問哪些問題，並讓每個人自我介紹，再從中挑選適合的人。

當然，管理者不能主觀意識太強，完全依靠自己的判斷。應該讓更多人參與面試的工作，參與的人越多，最後的決定才能越準確。因此，管理者應仔細參考主管、同事、下屬的意見。但是最後必須由管理者，做出決定，因為管理者要對整個企業或部門負責，必須由他決定誰能勝任這份職缺。能否找到優秀並適任的員工，也許是管理者面臨的最大挑戰。如果選中適合的人才，今後面臨的問題便可望減少。

測評高潛力人才七法

1. 觀察這個人有沒有雄心壯志？

有能力的人必然有強烈的成就取向。他會透過妥善安排，全力完成工作，不斷尋求發展的機會。

2. 有人遇到問題時，是否會求助於他？

如果發現有許多人需要他的建議意見和幫助，那就是可用之才。這說明了他具有解決問題的能力，大家也就會重視他的觀點。

3. 他能帶動別人完成任務嗎？

注意，誰能帶動其他人工作，以達到目標，就能顯示此人具有管理的能力。

4. 他是如何做決定的？

注意能當機立斷和說服別人的人，表示他將會是一個有才幹的高階管理者。因為這樣的人往往能輸入相關資訊時，可以很快輸出做出決定。

5. 他能解決問題嗎？

如果是很勤奮的人，不會慌張地對管理者說：「發生問題了」。而是在問題解決了之後，向管理者彙報：「剛才有某某的情況，我們已經做了什麼什麼的處理。」

6. 他比別人進步更快嗎？

人才能迅速確實地完成上級交代的任務，因為他勤於充實自己，有隨時接收突發任務的準備，認為自己必須更深入地探究，而不會只滿足於懂得皮毛。

7. 他是否勇於負責？

勇於負責是管理者的關鍵性及必備條件。

第2計

用人適己

如何聘用適合自己心意的人

漢．韓嬰《韓詩外傳》卷七：「使驥不得伯樂，安得千里之足。」

唐．韓愈《雜說》四：「世有伯樂，然後有千里馬。千里馬常有，而伯樂不常有。」

◆管理別人之前，要先了解自己

管理者應該先問自己是否擁有經營與管理能力的特質，招聘員工除了了解員工，也應該先了解自己，因為員工做事的態度，會受管理者性格的影響。有些管理者性格多疑，對員工極不信任，總是與人保持一定的距離；有些管理者個性積極向上，對人和對事總能保持樂觀。這些態度間接地影響員工們，因此管理者的「身教」對員工有著十分重要的影響。

◇只有忠誠度是不夠的

許多家族企業，歷經篳路藍縷，深知成就得之不易，為了延續事業，往往不信任外人，而由親人擔任要職，殊不知這樣做有很大的危險性。**忠誠對於身負要職的人來說是很重要的，但再怎麼忠誠，勝任不了工作也沒有用，必須要能夠勝任工作的人，才能為公司帶來利潤。**因此關鍵是善用各種類型的人，並使之發揮最大效用，這是管理者的一項重要工作。

◇能力與忠誠的取捨

最佳的用人選擇當然是既忠誠又有能力的人，但事實上這種人少之又少，最可行的辦法是依照負責職務的不同而有所取捨。要求忠誠度高的職位如會計／出納／財產保管員／保全人員等；重視能力的職位則有業務員／採購／公關企劃／產品開發等。

用人原則上強調在忠誠與能力之間二者擇其一，彼此相輔相成。但問題常存在於缺乏客觀的衡量標準，難以判別員工的忠誠與能力——忠誠與能力都是抽象的，管理者若光憑個人的直覺判斷，結果可能與實際情況相去甚遠。

比較理想的辦法是用相應的條件約束員工，使之「形式上」有能力或是忠誠的。換言之，在這種約束條件之下，任何員工看起來，都是忠誠或有能力的。

用人原則

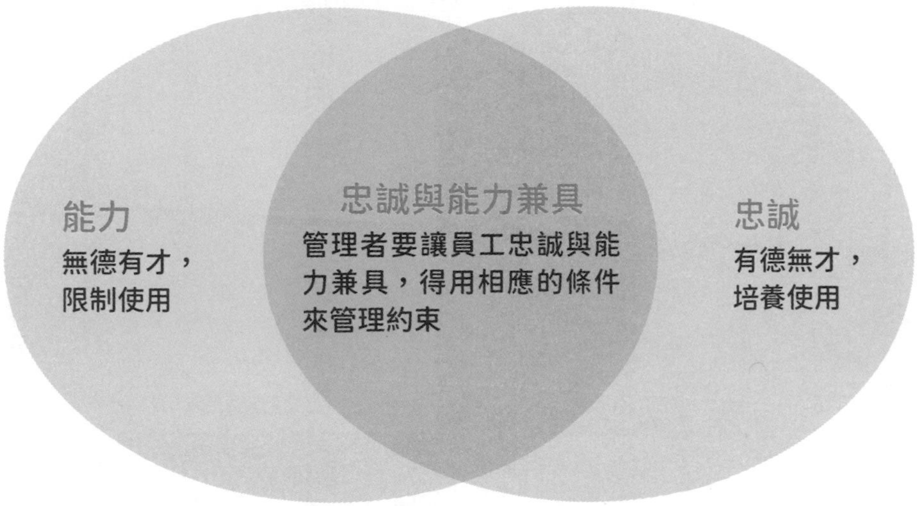

選對人，做對事，不盲目迷信專家

不是優秀的足球隊員，卻可能帶出一支傑出的足球隊；不是樣樣精通的樂手，卻可以成為優秀的指揮家；不必學醫，卻可以找到一位好醫師。管理者的任務是發揮眾人的創造力，設定目標完成工作，而非事必躬親。因而本人並不一定要是某方面的專家，在管理工作中，管理知識遠比專業技術重要。每個人所擅長從事的工作不同，管理者要懂得以專家之專長來協助自己，截人所長，補己之短。不過，如果過度重視一個人的學歷，或是盲目信任專家、考核和選拔人才時過分注重年資，最後可能扼殺了年輕人的積極性，失去獨立思考的能力。

有些專家管理的手段，大多是以前人創造的原理、公式以及市場調查所搜集的資訊為依據。他們大多著眼於歷史資料和圖表，再收集資料進行統計彙整，最後得出的結論是：這項方案的成功率將是50％，失敗率也是50％——這種分析看起來一點意義都沒有，像個笑話。

這並非在攻擊專家，一般來說，專家還是很重要：新產品開發方案的制定、新技術方案的可行性研究、甚至某部門經理人任用免職等重大事項，都是專家一顯身手的機會。專家有專家的長處與短處，能善加發揮他們的長處，克服其短處，才是真正成功的管理者。

不適任的員工，會浪費公司寶貴資源

不適任者，不可能有生產力，也不可能久留。在這過程中，還會造成公司的損失。計算一下員工離職的損失給你看，就能知一二：解雇員工的資遣費、招募新員工的花費、找到新員工前支付其他員工的加班費、招聘面試時所花費的時間、新人培訓費用、以及員工流失前所損失的生產力。**在員工流失期間的經濟損失，有80％可被稱為「隱性損失」**。不管離開的原因是什麼，只要一位員工離職，有些員工的士氣會跟著低落導致銷售額下降，顧客也可能因為情感因素而離去等等。總之，利潤會隨著員工的離去而降低。

用人要合己意

乍看之下，「用人適己」似乎是狹隘的用人觀念，但是管理者堅持這種做法，並非自私自利或以自我為中心的盲目用人，而是根據公司的切身利益和特徵，尋找並制定適合公司發展的用人戰略，從中挑選符合需求的人才。請注意，「用人適己」並不等於「用人以私」，所謂「私」往往是管理者個人意願的滿足。為了理解「用人適己」。不妨先討論一下「用人以私」的十大現象：

1	**明升暗降** 從對手手中巧妙地奪取實權。	2	**以逸待勞** 自己養精蓄銳，待對手疲憊不堪元氣大傷時，再整倒對手。
3	**以鄰為壑** 轉嫁困難和災禍予他人。	4	**收買人心** 以不正當手段，博取大家的信任。
5	**各個擊破** 分期分批，撤換對手的官職。	6	**以怨報德** 借助別人的力量，過河拆橋。
7	**聲東擊西** 假意威脅甲君，實則奪取乙君的職位。	8	**以利誘人** 用不正當的手段拉攏仇人，使他替自己效勞。
9	**混水摸魚** 趁混亂時期擴充自己的勢力。	10	**為所欲為** 不擇手段達到自我欲望的滿足。

培養「為我所用」的人才

眾所周知，人才培養必須適應社會經濟發展的需求。不然，就算花了很多心力培養人才依然徒勞無功。培養出的人才，若不利用其專長，或是未能養成人才，都是失誤。

管理者只重表相而不講實際，他們只希望下屬各個都有高學歷好文憑，不管對公司的發展有沒有用，重學歷不重學識。結果公司都是高素質的人才，而企業卻沒有明顯的成長。

管理者想要人才「為我所用」，就必須清楚自己需要什麼樣的人才，再予以培養。如果連自己都不知道，別人也無能為力。以豐田汽車為例，培訓中心的內部講師全都由豐田汽車公司和營業處所挑選出具有銷售經驗的人擔任，為了讓授課內容跟上知識的

「用人適己」要考量的重點

1. 最需要用什麼樣的人呢？
2. 現在最需要哪些人力資源？
3. 現在有哪些人能處理公司亟待解決的問題？
4. 如何將某個下屬安排或調職到適合其才能的職位呢？

更新，講師實行輪換制；教材內容更緊密連繫著汽車市場的實際情況和需求，貫穿理論與實踐的統一性。從豐田汽車的培訓計劃來看，如此培養人才才能切合實際需要——管理者必須培養人才，才能在用人時，有才可用、用之能勝。

統帥全局在於調兵遣將

領軍統帥不需親自衝鋒陷陣，而是在於調兵遣將、指揮若定。就像和公司的領導人一樣，不用親自站在第一線指導戰略，但一定要具備有決策和任用人才的才能。

漢朝開國之君劉邦為一代明君，他深知自己用兵作戰不如韓信、運籌帷幄不如張良、治理內務不如蕭何，然而他卻能成功地駕馭這些良臣盔將，打敗項羽成就霸業。一

管理者可建置完整的內部講師制度，快速培育所需人才。

個企業猶如一個王國，只是規模大或小而已。企業君主不可能將任何事務都攬在自己一人身上，也不可能通曉公司內有關的各種專業。但他必須是善用人才、任人唯賢的高手。

有了能幹的銷售人才，能建立龐大的銷售網絡；物色一個可靠的財務主管，可免去許多冗務，不必擔心入不敷出或周轉不靈。

管理者應關注各個部門的運作狀況，由各部門主管直接管理。所以確認這些主管的任用，極其重要，**能否知人善任、用人得宜，往往決定事業的興衰成敗。**

駁下之道

如何善用本事高強的人才

善為士者，不武；善戰者，不怒；善勝敵者，不與；善用人者，為之下。是謂不爭之德，是謂用人之力，是謂配天古之極。

——老子《道德經》第六十八章

◆用比你聰明的人

人通常有虛榮心且需要安全感，所以很多人只願意聘用比自己略遜一籌的人，而不樂意聘用比自己聰明的人。這個問題在企業剛起步時還不明顯，因為此時公司的業務量不多，只要有一個精明能幹的管理者就應付得了，但當業務漸上軌道後，管理階層若只找比自己能力差的下屬，業務便難以向外推展。

這時，管理者對整個公司的業務已無暇全面顧及，只能從大方向管理，然而一個比一個遜色的員工只會使公司每下愈況，所以為了整個公司的大局，還是需要聘用有本事的下屬。

讓成就欲強的人發揮才能

在部門中經常會有一些成就欲很強的人，他們總是渴望成功，而且擁有成功者的各種特質，聰明能幹、自信滿滿，具有創新的膽識。不論做什麼事，總能竭盡全力，表現十分出色。他們喜歡設定特殊的目標，最終大多圓滿達成。他們勇於接受挑戰，遭遇時間緊迫、外界干擾、個人挫折或情緒變化等，都不會影響他們優異的表現。

擁有這類員工，無疑是公司的一大資產。但就像擁有一塊玉石，要把它雕琢成一件玉器珍品，是一件困難的事。管理這類人才，以最大限度發揮他們的能力，也不是一件容易的事。

正因為他們是一個特殊群體，和他們特殊才能相應的是：特殊心理、特殊處世方式，以及特殊的個性，諸如自以為是、相當自負，不輕易改變自己的觀點，很不喜歡被人操縱，或受人支

優秀的管理者會雇用聰明的屬下，而且擅長找出其強項和天賦所在。

配。雖然他們本身更注重內涵，辦事也講求務實。但他們同時很注重自己的形象，也十分要求別人尊重他們的形象。很在乎別人的認同與否，希望得到主管的信任，薪水卻不見得是他們最在意的。

面對於這些成就欲強的人，常使管理者們屢屢犯錯，產生一些管理謬誤。有些管理者怕出亂子，不會輕易放手讓他們自由發揮。也有些管理者心胸狹窄，總覺得這些人對自己是一種威脅，他們越能幹就越顯示出自己的無能，想方設法地壓制他們，不給他們機會。還有些管理者有強烈的支配欲，無所不用其極地利用自己的地位，軟硬兼施地企圖控制員工。

以上這些做法不僅不能讓這類人才充分發揮才能，更可能逼走他們。其實要駕馭屬下，最有效的方式就是設法讓他知道：**我了解你，我會滿足你的需要，但你若有不足之處，我也會提出指正**。如此，管理者便能處於積極主動的地位。

首先，我們可以為他們設立一些特定的目標，讓他們感到被信任和挑戰性。然後規定一定的期限，施加適當壓力，以期充分激發他們的才能。同時再給他們一些特殊優惠、特殊的權力，這種特別的重視更能激起他們的鬥志。

平時要讓他們發表意見，給予表現的機會，但也要冷靜地指出其有待加強之處，這樣才能讓他們心悅誠服。最後，不要吝於讚賞他們的出色表現。

要特別注意，如果給薪制度不合理會是個大麻煩，因為他們也希望得到相應的報酬，否則會感到不被認可。

◆加強員工的優點，使他們充分發揮優勢

俗語說：「瓜無滾圓，人無十全。」用人不能求全責備，而要「棄其所短，取其所長」，這是用人的一大關鍵。如果因為美玉上有一點瑕疵就棄之荒野，最為可惜。

管理的祕訣在於發揮每一個人的優點，也就是他們的長處。人可能有多方面的才能，但就大多數人來說，通常只擅長某些事物。這時要集中力量發揮特長，不必顧及弱點。一個人如果沒有缺點，也就沒有什麼優點可言，不過是個平庸的人。重要的是，讓他們都能創造出成果。

提拔員工時，要評估他是否適合擔任管理者。假如原本很傑出的技術人員或推銷人員，被任命為管理者後，因不擅管理導致績效下降，對公司和他人都算是損失。

這在某些學者專家也有類似情形：由於某位專業人才很優秀，將他升為管理者，結果完全不適任。其實最好的做法不是給予升職，而是給予另外的獎賞。

管理者需要具備特定的能力，並非專業能力出眾、學識豐富就可勝任。一位政治家說：「不能因為對國家有功就給予職位。如果有功可給予褒賞，如要給予權力和地位，這個人必須具備符合該職位所需要的能力。能力不足的人，如果被授予某種權力，則可能導致國家崩潰。」這段話也適用於任何企業。

鼓勵優秀人才

古人云「士為知己者死」，員工都希望自己的才華被管理者重視，賦予信任。如果優秀員工能得到上司鼓勵，除了激發員工鞠躬盡瘁的回報心理，同時也更添其他人的競爭動力。

因此，用人成功的關鍵取決於管理者是否樹立了鼓勵優秀人才的良好風範，最先脫穎而出的人才，最後究竟得到怎樣的回報，這也是造成人人爭先加入良性競爭局面的關鍵。

鼓勵優秀人才的具體做法

1. **及時任用**
及時任用表現優異的人才，盡快提拔他們到關鍵性的工作職位。

2. **大膽任用**
有膽識的管理者應該意識到，優秀的員工最需要得到主管的有力支持。有正義感的主管要及時給下屬最有力的鼓勵和支援，在適當的場合表揚其貢獻。

3. **鼓勵任用**
對表現傑出的員工，適時地在私下或是其它員工面前給予讚美。

4. **獎勵任用**
在精神上和物質上給予適度的獎勵，不僅有利於鼓舞其鬥志，也能激勵他們成長，並且在員工心中建立有說服力和示範作用的榜樣。

在企業裡如何一眼看出具有創造力的員工，非常重要。不妨由以下幾點判斷到底哪些人具有創新突破的性格：

識別創新人才的九個密碼

1. 他是否經常徵求別人的意見。能夠兼顧正反意見的人，通常有較多新點子。
2. 會思考較長遠的計劃。這種人較具遠見，能夠看到未來的發展及可能的結局，不輕易為眼前的芝麻小事打退堂鼓。
3. 積極尋找可能的新機會。困難不至於令他退縮，而是到處尋找新機會、試用新方法。
4. 經常以挑戰的精神，面對過去的信念、偏見或假設。不以先入為主的觀念作為行事的準則，常自我挑戰。
5. 常以新構想套入老方法，時時以他山之石攻玉，企圖借用其他領域的方法實現創新。
6. 特別關注大局勢，善於把握時局，抓緊機會，常常走在別人前面。
7. 常以直覺判定風險，以第六感交朋友，以靈感做決策。
8. 彈性十足，視狀況調整目標。即使情況不利於他，也會想辦法解脫，達到真正「窮則變，變則通」的境界。
9. 善於借助外力，運用群體力量達成使命，人際網絡暢通。

駕馭業務高手

管理業務高手極有學問，一般公司很難留住他們，更難以新人取代之，而他們快速升職後，也容易引發人事震盪。作為管理者必須權衡情況，有時提拔超級業務員反而埋沒了他們的才能。例如：誤以為超級業務員也等於是位超級主管。把最優秀的業務員升職做銷售經理後，由於管理事務分散了心力，銷售額反而下降。

要解決這個問題的關鍵之處在於，**不要把「受重用」狹隘地定義為「晉升」。更好的做法是，讓他們在保持原來職位的同時，有更多的發揮空間。**

先贏得關鍵人物的合作

管理者不必親自接觸組織中的每一位成員，也能贏得眾人合作。只要透過少數幾個關鍵人物，指揮幾十人甚至幾百人的運作。

在一個團體中，至少可以發現一兩個像非正式領袖的關鍵人物。別人會主動向他們徵求意見、尋求幫助，甚至願意接受他們的管理。

員工們的生產量和生產品質，並不完全取決於管理階層的指示，有時部分是取決於這些非正式領袖的意見。如果想節省管理的時間和精力，找出非正式領袖是很重要的，藉由關鍵人物即能幫你達到目標。

總之，應和這些意見領袖合作，好好利用這些關鍵人物在組織中的影響力，就能事半功倍。

◆善待性格耿直的人

有些人擇善固執，很有個人原則，不輕言放棄。這種人才個性倔強、有自己的見解、性格直爽坦誠，說話從不拐彎抹角。

他們頭腦清晰、思慮敏捷、遇事果斷，從不會被困難嚇倒，往往具有「明知山有虎，偏向虎山行」的精神。相信人能征服一切艱難險阻，不會因一時的挫折而情緒低落，甚至一蹶不振。

這樣的人優點很多，但在公司內的日子並不好過。因為懶散的員工恨他們；無才無學的人忌妒他們；阿諛奉承的人疏遠他們。這種人通常不討管理者歡心，他們習慣當面提出意見且毫不含蓄，批評主管也不避諱，常使上司感到難堪。若遇到英明的主管還好，若遇到專制昏庸的主管，他們可能會坐冷板凳，滿腹才學無用武之地。

正所謂「千軍易得，一將難求」，知人善任的主管不但知道重用這種人才，不計較他們直言不諱，還會教導他們待人接物之道。

身為管理者，一定要善待有才但有缺點的人，才有助於事業的發達。

主管了解屬下的優缺點，懂得安排至適當的職位

超級業務員不一定是超級主管，還是讓他擔任業務員。

能力好、性格耿直，但做事比較不會變通，必須教導他待人接物之道。

雖不是正式領袖，但他總是扮演團隊中的關鍵角色。

看得出誰是「自我感覺良好」或是「真材實料」的人

學歷、經歷都很好，而且有能力的人，可以說是優秀人才。如果你有這樣的員工，應當充分利用他們，即使他們比你年輕也應當尊重。

沒有能力而又優越感很強的人，並不是真正的優秀份子。所謂優越只是他們本人的一種幻覺，對於這種員工千萬不能委以重任。

如果管理者也感到自己有優越感的情況，最好先自我審視一番，因為，若有這種思想，必定會導致你失去員工的信任。

如何應對既有能力又有優越感的人

公司需要有能力的人作為中流砥柱，尊重有實力的人是理所當然的，這與年齡毫無關係。真正有實力的人，是不會刻意炫耀自己的學歷、門第和經歷。只要肯定他們的表現，就能和他們成為好朋友，與他們對立是毫無意義的。

大家一致認為你很優秀，和同事相處也不錯。
謝謝，大家對我太好了！

知人善任

如何根據員工的特點進行管理

蓋在高祖，其興也有五：一曰帝堯之功裔，二曰體貌多奇異，三曰神武有徵應，四曰寬明而仁恕，五曰知人善任使。

——漢．班彪《王命論》

◇用人不必「唯賢」

世界上最推崇的是德才兼備者，在古代的話謂之為聖人，但是我們往往不能如願地擁有才德雙全之人，那就只好退而求其次：

1．選用有才能的人。不必都是賢人，重要的是要有主見。
2．選用有專長的人。首先要求忠誠正直，然後才要求聰明能幹。如果是奸詐而有才幹的人，就像豺狼一樣不可接近。意即選用人才要堅持「先德後才」的原則。
3．選用沒有私欲的人，可以任用他管理行政庶務。
4．提拔德才兼備、績效好的人，德才低劣又無實際成績的人應予以免職。
5．不能讓耍小聰明的人參與謀劃大事，不能讓會徇私之人掌管法制。
6．所謂獲得人才是指獲得人心，而不是形式上把人才籠絡在手下而已，要的是他的心。
7．不同的時期，用人標準應有所不同。天下未平定時，往往專取其才，不看其德；天下既已安定，若非德才兼備就不可任用。

依辦事能力部署適當職位

一家化學公司曾花費重金，聘用一位著名化學教授從事產品開發。然而幾年過去了，管理者不得不承認，聘用這名教授是個天大的錯誤。原來，教授在大學從事研究的工作，表現得很出色，但置身於商業競爭極為激烈的市場中，則無法推出暢銷的產品。如果管理者用人之前能詳細了解此人的專長，並確認此一專長確實是公司所需，便可避免將人才放錯位置的悲劇。

盡顯其能、避其所短的用人術

人的個性也許是天生的。管理者必須巧妙地用人，使之既能顯能，又能避短。以下舉例十種不同性格的人，教您如何盡顯其能、避其所短的用人：

1. 性格剛強，但耐心不足的人：不能深入細微的探求道理，在處理細微的事務時，容易失之於粗略疏忽。可委託他處理大方向的工作。
2. 性格倔強的人：不能屈服退讓，談論法規與職責時，能約束自己並做到公正，但說到變通就顯得頑固。可委託他制定律法、制度相關的工作。
3. 性格堅定的人：實事求是，能把細微的道理表達地明白透澈，但涉及大道理時，他的論述就過於直白單薄。可給他聽命辦事的工作。
4. 能言善道的人：辭令豐富、反應敏銳。在推究人事情況時，見解精妙而深刻，但一涉及到根本問題就容易遺漏。可讓他做謀略之事。
5. 隨波逐流的人：不善於深思，歸納事物要點時，觀點就疏於散漫，說不清楚問題的關鍵所在。倘若性格忠誠老實，可做小部門主管。

6．見解淺薄的人：不能提出深刻的問題，聽別人論辯時，由於思考的深度有限，很容易滿足，要他說出精微的道理又反覆猶豫，沒有把握。最好不要把重要的關鍵職位給他做。

7．思維不敏捷的人：談論仁義道德時，知識廣博、談吐文雅、儀態悠閒。但要他緊跟形勢，就會因為思考遲緩而跟不上。只可讓他以身教帶動下屬的行為舉止。

8．柔順的人：缺乏強盛的氣勢，體會和研究道理非常順暢，但要他分析疑難問題，反而拖泥帶水。這種人只能放在執行面上，不可放在決策面。

9．標新立異的人：喜歡追求新奇事物，在制定政策時，卓越的能力容易顯露。但要他執行指令，卻會發現辦事能力不合常理又容易遺漏。這種人比較適合做開創性的工作。

10．正直的人缺點在於好斥責別人不留情面；剛強的人缺點在於過分嚴厲；溫和的人缺點在於過分軟弱。可將這三種人放入同一個單位，藉以截長補短。

◇懂得把缺點轉換成優勢

優點和缺點並無絕對的界限，換個角度來看，缺點也可能是優點。有人性格倔強、固執己見，但做事頗有主見，不會隨波逐流、輕易附和別人意見。有人辦事緩慢，但慢工出細活，做事往往有條有理。有人不合群，經常我行我素，但他可能頗有創造力。

管理者的高明之處，就在於短中見長、善用缺點。唐朝大臣韓滉有一次在家中接待前來求職的年輕人。此君在韓大人面前表現得不善言談、不諳世故。不料，韓滉卻留下了這位年輕人，因為韓滉從這位年輕人不通人情世故的短處之中，看到了他鐵面無私的一面，耿直不阿的長處，於是任命他做監督財庫的工作。年輕人上任以後，恪盡職守，庫虧之事極少發生。

「善於用人之短」的管理者，大有人在。有一位廠長讓吹毛求疵的人當產品品管員；讓謹慎的人當安全生產監督員；讓斤斤計較的人參與財務管理；讓性情急躁、爭強好勝的人當突擊檢查長等。結果，大家各盡其力、效益倍增。

人有其長處，必有其短處。長處固然值得發揚，而從短處中挖掘出長處，由「善用人之長」發展到「善用人之短」，是用人藝術精華之所在。

◆駕馭自視甚高的鬼才

有些人因為太自負而影響組織的正常運作，雖然這些人的團結性不夠，常常指責別人的工作表現沒有比自己好，但是他們的表現確實不同凡響。還有，這些人往往瞧不起職位比他們高的人，除非是能激勵他的人，否則他們不會把別人看在眼裡。另外，他們的能力非常強，提出的構想往往令你招架不住。他們希望你能及時對這些構想做出反應，思考和他們一樣敏捷。

短中見長、善用缺點

主管要懂得將屬下的缺點變成個人所長，把優點發揮得淋漓盡致。

通常這些人自視甚高，但只有三分鐘熱度，因此很多好的表現也只是曇花一現。還有，對一切事情看不順眼，對眼前的障礙視如眼中釘、肉中刺，急欲除之而後快，他們無視於公司的某些政策性規定。如：預算的限制導致他無法實施絕佳的構想時，便會心生不滿。

每一個組織都需要這種人的聰明才智，因此必須找出能駕馭他們的方法，且要確定不會干擾到組織內其他人。可以給他們一些特別的工作計劃或目標，這些人極需在工作上得到滿足，好向別人炫耀自己的能耐。此外，也可給他們一些超過能力範圍的工作，除了挫挫銳氣之外，還能讓別人多學習他們的應變方式。

考察員工的能力特點

能力既有差異之分，在運用人才時就要通盤考慮。有人善於辭令，說起話來極具說服力、鼓動性和吸引力，則適合安排在宣傳、公關、銷售等職位；拙於言辭的人則適合安排到文書、開發、設計等職位。

判別新進員工能力時，可在試用期給予測試性的工作，並運用科學方法進行測定。舉某食品廠為例，他們編制了一套評測法，對生產操作人員進行測驗，按照評分結果，將他們分為敏捷型（手臂運動靈活性高者）、靈巧型（手眼配合靈巧者）、注意型（注意力分配和動作穩定性測驗優秀者）、創造型（創造性思維能力高者）和綜合型（各方面測驗都較優秀者）。在工作分配上，把敏捷型和靈巧型的安排在生產線；注意型的擔任儀錶觀察員；把創造型的安排在維修單位，或者技術要求高的職位上；把綜合型的作為儲備幹部進行重點培訓。

經過半年的追蹤研究和效度驗證，以及問卷和面談調查，發現多數新進員工適應性強，甚至有的在很短時間內就對技術有了新的小改革，效果很好。

新進人員工作分配：以食品廠為例

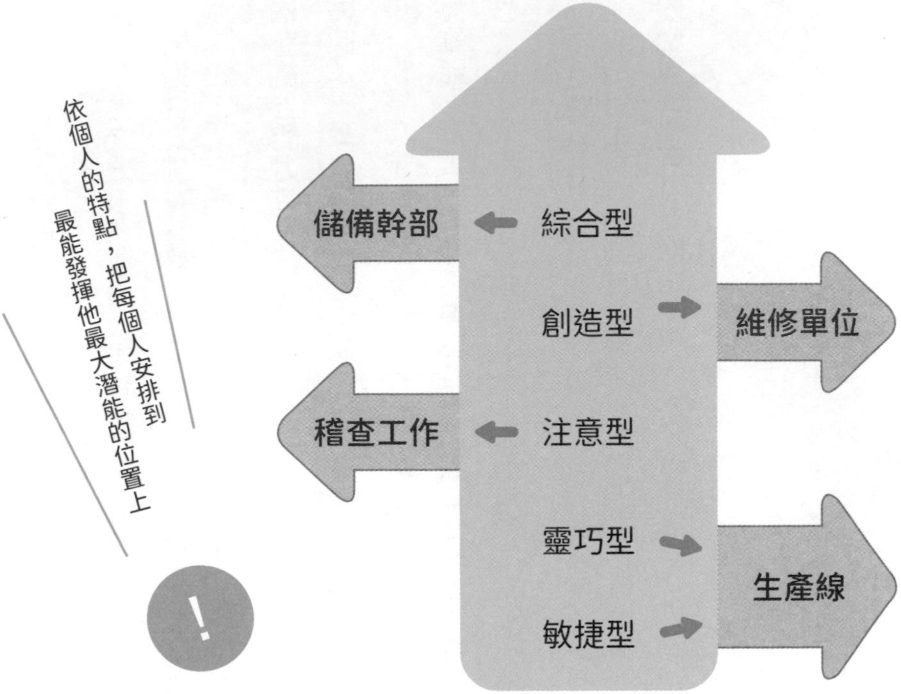

根據興趣和氣質用人

對人才的能力不僅要考察反映業務素質的智力和技能等因素，還要注意非智力因素。如某些個性心理、氣質類型和性格特點。之所以如此，是因為任何能力的實際發揮都不僅僅取決於人才所具有的知識和技能，還與許多非智力因素有密切的關係。同樣的，每個工作崗位對人才的要求，也不僅僅是智力方面的，還包括非智力方面。

興趣

一、分配工作時要考慮人的「興趣」

因為當人產生了某種興趣後，他的注意力將高度集中，工作熱情將大大高漲。人一旦產生了廣泛的興趣，漸漸就會開闊眼界、豐富想像力、增強創造力。總之，興趣將使人明確追求、堅定毅力、鼓足勇氣、走向成功。

二、分配工作要注意「氣質」類型

不同氣質的人，對工作的適應性不同。精力旺盛、動作敏捷、性情急躁的人，在開拓性工作和技術性工作崗位上較合適；性格活潑、善於交際、動作靈敏的人，適合在多變、多樣化的工作崗位；深沉穩重、克制力強、動作謹慎的人，適合安置在對條理性和持久性要求較高的工作崗位；性情孤僻、心細敏感、優柔寡斷的人，適合連續性不強或細緻、謹慎的工作。

氣質

因事擇人

如何依職位需要挑選合適的人才

唐太宗：「為官擇人者治，為人擇官者亂。」

——北宋．歐陽修、宋祁《新唐書》

◆怎樣選用業務人員

在選擇業務人員時，要注意以下幾點：

1．能吃苦耐勞、穩定性高，否則經常更換業務員，永遠是由新手負責業務，對公司會造成損失。
2．要有很強的事業心，早出晚歸也毫無怨言。
3．對公司忠誠度亦不可少，應選老實的人，且要憑著忠誠打動推銷對象。
4．要能言善道，措詞精準。

怎樣選用採購人員

以往採購人員被認為是在生產的準備階段，相對於生產和銷售部門而言，是較不重要的部門，但是隨著降低成本和技術革新的需求日漸增強，採購人員的才能也日益重要。

首先，採購人員不是盲目型也不是衝動型的購買者，而是懂技術、理智型的購買者。出色的採購人員應該懂技術面的東西，他們對所需設備的性能、原料的質量、零件的規格，以及供應者提供的產品是否符合要求等，都相當清楚。對產品的質量要求嚴格，供貨要求準時，特別強調售後服務是否跟得上，很少受情感因素的影響，只有這樣才能保證採購的貨品物超所值和物有所用。

其次，採購人員應該是具有合作精神、目光長遠的人。**採購的目的，不僅是買貨，而是運用貨物具有的功能。**所以說採購人員需要具備合作精神，與生產、技術、財會人員保持聯繫，進而分析研究貨物的性能、掌握貨物的價值，做到購回的貨物能夠物盡其用。

再者，出色的採購人員，應該是消息靈通的人，對於行情變化、市場等瞭如指掌，在腦海中已儲藏了大量而準確的資訊。

怎樣選用公關人員

和不同的對象打交道，要採取不同的方式。有人喜歡拐彎抹角，有人喜歡直來直往，有人喜歡和熱情奔放的人打交道，有人喜歡與文靜溫和的人打交道。不管喜歡和誰打交道，以下六種類型的人，千萬不要找他們當公關人員：

1. 不選油嘴滑舌型，讓人一看上去，就不能信任的人。
2. 不選高談闊論、口若懸河卻沒什麼內容，缺乏思想深度的人。
3. 不選自私自利的人。
4. 不選輕易許諾的人。
5. 不選過於感情用事的人。
6. 不選思想簡單輕信的人。

一般來說，小公司選擇的公關對象，都是可能和公司在業務上互有所需的人，所以公關的成功率也較大。想獲得對方在業務上的承諾，取得合適的規格、質量、價格，同時也能以有利的規格、質量和價格賣給對方，除了產品本身的原因之外，公關人員的水準是一個非常重要的因素。

管理者一定要注意，**「公關」絕不僅是公關和銷售部門的事**，如果是生產型企業，實際上工廠和科技人員更了解產品的特性，在公關上更有作用，例如購買什麼樣的原料等。選擇公關人員的一般原則是：

1．由內行的人進行公關，能直接討論實質性問題。
2．前去做公關的人和對方的地位要相當，否則會讓對方感到不受尊重。
3．雙方合作的基礎建立在相互信任的基礎上，讓能被信任的人去做公關。
4．讓熟悉、認識對方的人擔任公關工作。他和對方熟識，一定知道對方的脾氣和個性，就比較容易商量。

怎樣選用中階主管

企業的管理工作涉及各層面，一個人的時間和精力畢竟有限，需要有一批中階主管。管理是企業的大事，管理者素質的高低、管理品質的優劣，對企業效益有直接的影響，因此企業主選擇管理人才時，一定要謹慎小心、穩妥行事。

主管身居要職，管理員工責任重大。若稍有不慎，任命自私和自我控制力差的人當了主管則後患無窮。這種人通常欠缺成熟的情緒，常責怪他人、容易沮喪、脾氣善變惡劣，甚至很難相處，人際關係不佳。有這種差勁的主管，怎麼能在員工間樹立威信呢？怎麼指派、調度員工呢？因此公司要想選出情感成熟、性格穩定的員工擔負重責，的確不是容易的事，必須在管理過程中留意觀察，必要時還可加以悉心培養。

下述類型的人，同樣也是不適合擔任管理者：

1．工作表現不穩定，做事先求享樂再談工作，而且一遇到問題就出外度假或請假休息。
2．不求自我突破和創新，總愛依賴別人，不願意承擔責任。
3．行事衝動不顧後果，只要稍有矛盾和爭吵便與人絕交，缺乏管理者應具備的沉靜和忍耐。
4．不能對自己做出較客觀的評估，任意誇大自己，喜歡幻想而不腳踏實地。

我們應該常聽過這種情況，例如有員工犯了大錯使該公司虧了大錢，或由於管理人才失當而使得公司一蹶不振，根本原因就在於管理者不注重選擇和培養管理人才所造成，所以慎選管理者，在特別情況下還可以挽救企業。當然，誰都不願發生意外的情況，但想以防萬一，還是要從選拔人才、培養人才做起。

◆中階業務主管須具備的素質特徵

1．品德過人。為員工所敬仰，能贏得他人合作，願與他人共同工作，說服人而非壓迫人。
2．決策才能。依據事實而非憑想像決策，具有高瞻遠矚的能力。
3．組織能力。發揮員工才能，善於組織人力、物力和財力。

4．**精於授權**。自己處理大事，小事會分派給下屬。
5．**善於應變**。不墨守成規，會積極進取。
6．**勇於負責**。有高度責任心。
7．**勇於求新**。對新事物、新環境、新觀念有敏銳的感受能力。
8．**敢擔風險**。有改變企業面貌、創造新格局的雄心與信心。
9．**尊重他人**。重視採納他人意見。

◆科技主管須具備的素質特徵

1．精通某一學科並有較深的造詣。
2．有廣博的專業知識和管理知識。
3．有較強的政策意識。
4．擁有判斷和預測學科發展方向的知識，具有決策能力。
5．對科學技術有鑒別能力。
6．有較強的業務執行能力。
7．有強烈的社會責任感。
8．有較強的組織和協調能力。

◇設計人才須具備的素質特徵

1．有較強的創造性，別出心裁、獨樹一幟。
2．有豐富的知識，對複雜的事物有鑒識的能力。
3．有戰略眼光和預見能力。
4．誠實守信，善於人際交往。
5．有全面大局觀念和開拓新領域的能力。
6．有較強的空間想像力和繪畫能力。

◇文字編輯須具備的素質特徵

1．有紮實的專業知識和寬廣的知識面。
2．較強的社會能力和人際交往能力。
3．良好的敏銳度和資訊的快速反應篩選能力。
4．優越的文字能力。
5．有經濟效益和公司全局觀念。

◇財會人員須具備的素質特徵

1．廉潔清白，奉公行事，有正義感，能抵制各種誘惑，原則性強。
2．責任心強，時間觀念強，慎重細心。
3．有運算能力和匯總、規劃能力。
4．紮實的專業知識和豐富的學識，熟悉公司內部流程各環節。
5．兼具理解、分析、綜合、判斷和推理能力。

◇資訊人員須具備的素質特徵

1．對情報資訊敏感，有較強的鑑別與篩選能力。
2．注意力穩定、反應迅速。
3．記憶能力和觀察能力佳。
4．有辯證思維能力。
5．分析、預測、觀察能力強。

庸才好用

懂得用人，庸才也能變人才

俗語說：「三個臭皮匠，勝過一個諸葛亮。」意即：三個才能平庸的人，若能同心協力集思廣益，也能提出比諸葛亮還要周到的計策。

◆如何任用勤奮但效率低的人

有些人非常勤奮地工作，早出晚歸、埋頭苦幹，他們不知疲倦，如同蜜蜂採蜜一樣，忙碌而不懈怠，但工作效率卻低得令人驚訝。

這種人往往非常熱愛工作，視工作為生命，不管成績如何，工作本身已帶給他們很大的樂趣。

這種人通常不愛搬弄是非也不愛出風頭，他們一心一意地埋首於自己的工作，對於工作以外的事從不過問，即便是舉手之勞也不願動一下，只對工作付出全部精力。還有一種缺點：就是做事不分先後、主次，見到工作就做，不知道要思考如何更有效率，搞不清楚輕重緩急。

在他們心目中把工作做完便是至高無上的目標，其他的問題一概不管。他們的兢兢業業可給予獎勵，但絕不可貿然升職，因為他們不適合擔任管理者。

如何善用循規蹈矩的人

有些下屬缺乏創意、喜歡模仿他人，沒有自己的主見，也沒有自己的風格，沒有現成的規矩就不知道要怎麼做。往往沒有突破性的表現，對新事物、新觀點接受度較慢。此外也較墨守成規，實際情況發生變化時，不知道靈活應變，難以應付突發情況。他們缺乏遠見，發展受到侷限難以超越，因此不宜委以重任。

但是，他們也有優點，做事認真負責，好管理。雖然沒有什麼創見，但通常不會發生原則性的錯誤，能依照主管的指示行事，還能做到盡善盡美、難以挑剔。

管理者如能把不違反常規的瑣事委任於這類人，他們通常能符合要求，也令人放心和滿意。

不要捨近求遠

一般主管最感頭痛的就是用人的問題，尤其新進人員的表現常不盡理想，到了定期的人事變動時，就不知該如何取捨。

優秀的人才並不多見，因此，唯一的辦法就是：訓練。

以前有很多人向伯樂討教辨別馬匹的方法，伯樂對自己喜歡的人就教他鑒定駑馬的方法，而對討厭的人，則教他如何鑒定名馬。因為名馬遠遠少於駑馬，所以辨別駑馬較為有用。優秀人才也是如此，可遇而不可求，切忌不要將標準訂得太高，否則將永遠活在失望中。

以下列出的這幾類人物，是我認為較差的，提供給各位管理者參考：

請假太多或懶散的人

缺乏理解力的人

撒謊、喜歡揩油的人

脾氣暴躁的人

除了這四種人之外，某種程度上的小缺點是可以接受的。例如：有點任性、喜歡占小便宜等。對這些小缺點，主管只要稍微指正，還是可以有改進的機會，不要執迷於尋找完美的人，這種人是不存在的。請對現有的人力加以訓練，相信有朝一日必能擔當大任。

◇從一般人中發掘人才

「我不聰明，就算再怎麼努力也沒出息。」有些人基於先入為主的觀念，不喜歡求進步，常會說出這樣的話。其實天生我才必有用，人應該有信心，不要認為不聰明就成不了事，甚至心灰意冷，這樣反而更難成長，這個道理一般的年輕人不容易了解，要靠主管指點他們。主管要了解下屬的優點、專長，考慮如何能使每個人的才能做最大的發揮，這樣才能發掘下屬的潛力，培養他們承擔大任。

某大企業的總經理向來以擅長發掘人才聞名。有一次跟我談起了他的著眼點，他說：「**我任用下屬時，盡可能發掘長處，包容短處，因為短處往往也可能成為長處。**」

◇每個人都有適合他的工作

要發揮屬下最大的工作能力，要先了解他們的優點和缺點。若能發現他們的優點並善加利用，則事半功倍。譬如有人工作俐落迅速，有人謹慎小心，有人善於處理人際關係，有人特別愛現，或是有人習慣默默奉獻等。你都應該依他們的優點搭配工作特點，給予合理的安排。

對於做事馬虎的人，主管若要求他事事精確、毫無差錯，幾乎是不可能的。這種人最適合做臨時性工作，如果有一件需要迅速處理的工作，就交由他盡快處理，但是不要忘了，後續要讓細心謹慎的員工複查審核。

總之，企業裡各個部門及相關職責皆有所不同，員工也是形形色色，讓每個人適才適所是管理者的職責。

◆競爭力較差的人，其實更好用

競爭力差指的是學歷、技能、年齡等方面，相對存在劣勢的人。如：學歷較低、中高齡就業、專業程度不足等。

每個企業或多或少都有一些競爭力較差的員工，別把他們當累贅，只要放在適當的崗位，他們就是人才，就是資產。

美國有些企業實施——放棄「任用頂尖人才」的原則，而奉行「發掘員工的能力」。

每個企業都有大量例行事務及行政工作，即使科技先進的公司也是如此。安排競爭力差的人去做，他們會全力以赴又專心地完成，因而不會感到自卑感、沮喪，或認為自己是大材小用，他們有自知之明，期望並不高。

全是高學歷、高素質人員的人才組合未必是最佳結構。例如，找一位清華大學畢業的軟體工程師負責資料輸入的工作，保證過沒多久，他一定會感到工作單調乏味，興趣盡失。如果交給一位學歷較低的人來做，他應該會覺得勝任愉快。

在你要把工作交辦給普通才能的下屬時，若已經知道他的缺點是見到工作就做，不知道要思考如何更有效率，那就得把交辦工作的細節說得清清楚楚。例如，請他提報企劃案給上級主管時，字要設定大一點，因為上級主管有老花眼之類等等的這種細節。

相信訓練久了，之後就不需要再提醒，假以時日，或許就有可能得到一位優秀的屬下。

交辦工作給普通人才：把細節說清楚

下個月的新品發表，請在 10 日內交出企劃案哦！對了，總經理有點老花眼，字記得設定大一點。
好的！謝謝組長的提醒。

如果主管沒把目標與細節說明清楚，能力普通的下屬可能無法做得很完備，需要告知明確的目標與執行細節，屬下才能如實完成工作。

閒人少用

如何避免人浮於事

故君子與其使食浮於人也，寧使人浮於食。

——《禮記．坊記》

◇讓每位員工發揮最大效益

公司用人要精簡。小公司本來就獲利不多，若再多雇上幾個人，更沒有盈餘了。管理者要評估雇用幾個人最划算，既不會延誤工作的進度，又不會有冗員。

公司裡有一堆的冗員，是毫無效率可言的。「三個和尚沒水喝」，一個人可完成的工作，卻由許多人分著做，誰也不肯多負一點責任，甚至彼此扯後腿。

運作良好的企業，無所謂規模大小、部門多寡，最重要是在於員工能否發揮最大效益。若是員工有合理適當的工作量及工作內容，即較能發揮工作效率。

不要因人設事

每個人都有自己的特長和弱點。高明的管理者善於「因事設人」，而不會「因人設事」。盡量採取截長補短的原則，為下屬安排最適合的職務，這就是因事設人。

「因人設事」之所以與「因事設人」相對立，是因為它們體現了兩種不同的用人態度和方法。

「因人設事」指的是管理者漠視企業的實際需要來安置人，使得企業裡有一堆冗員。而「因事設人」則是根據工作內容的需求，挑選合適的人選，每人各司其職。

「因人設事」弊端太多，最致命的一點是，不能恰如其分的運用人才，使之喪失內部管理機制，造成用人唯親的惡果。

因人設事有八大弊端

1. 人員過多，導致效率低下。
2. 帶來複雜的人際關係，以致於形成剪不斷、理還亂的關係網。
3. 閒人過多，進而使企業的工作沒有具體成效。
4. 把企業的目標置於次要地位，突顯人情的作用。
5. 陷於複雜的人際網絡，逐步失去內在活力和競爭力。
6. 人情重於一切的不正常運作模式，制約人才發揮所能。
7. 會對企業造成破壞作用。
8. 提高人事管銷成本，造成財務支出浪費。

巧妙的用人術

假設一家公司有十個人，你把數字十切成三塊，比例設定為3：4：3。意思是如果有十個員工，其中有三個人必須不惜一切代價把他們留住，有四個人可有可無，剩下的三個人是必要時可優先辭退。

多數公司的政策是：多少人做多少事，工作量不大，薪水也合乎所求。如能仔細規劃，將工作分類，職責細分，讓三個人做五個人的事。管理者原本要發五份薪水，現在以四個人的薪水付給三個人。這樣做非常划算，員工也會覺得自己薪水較多，有激勵作用。

出錢、出力與動腦

一個企業內部人員所扮演的角色，可以分為三類：

出錢的人是資方，出力的人是從事生產的員工和銷售人員，動腦的人是產品開發或企劃部門的人員。三者一體，朝同一目標賣力，企業才能一日千里，不斷成長。

因人設事 vs. 因事設人

因人設事

往往造成冗員，
浪費公司資源。

因事設人

將人員安排在適合的職務，
可以發揮他們的才能，
是最有效的用人原則。

◇及早淘汰冗員

在一般的私人企業中，人事成本約占其營業額的8%到12%，包含基本工資、福利、獎金、保險、退休金等等。因此，適當地控制日漸膨脹的人事費用有助強化企業體制。為了有效控制人事管銷成本，各企業大多從組織精簡化、作業效率化、工作分配合理化著手，以提高工作效率，減少人事成本。面對經濟不景氣，組織健全的中小企業，遠比體制不健全的大企業能安然渡過。

所謂精簡化，**重點在於「淘汰冗員、精簡組織」**。一般而言，每一個企業或多或少有冗員存在。形成的原因，不外乎以下這幾種情況：

1. 某些對公司有重大貢獻的人，不得不為其安插閒差。
2. 為了運用某人的特殊社會關係或社會背景，必須提供有名無實的職位。
3. 管理者或主要股東礙於人情，不得不為請託的人安插職位。
4. 企業主徇私任用自己的子女、親朋好友。
5. 管理者上任時，往往會帶來一批親信，擔任人事、財務、採購等要職。一旦此人去職，新任管理者又帶來另一批親信，於是「前朝遺臣」只好被打入冷宮。
6. 股東或派系之間明爭暗鬥，為了均衡勢力，均要求派各自的心腹任職，以收相互監督之成效，這些人若學無所長，只有任其閒置著。

7．某些觀念偏差的管理者，認為部屬越多越能顯示其權威與地位，拼命增補人員，致使冗員充斥。

8．組織快速擴充時，體制配合不上，人員遞補毫無計劃，日後運作上軌道了，才發現人員過剩，卻不便任意淘汰。

冗員問題不容忽視

冗員增加了人事成本，降低市場競爭力，加上其無所事事，影響了其他人工作情緒及意願，甚至因為沒事幹會在公司裡到處走動，妨害各部門工作的進展。

某些後台很硬的冗員學無所長，又喜歡干涉各部門的業務，而管理者多半顧忌到其身分，敢怒不敢言，因而破壞企業辛苦建立起來的體制。

淘汰冗員是當務之急

淘汰冗員、精簡組織，是降低人力成本的首要任務。以下有幾個做法給您參考：

如何減少冗員

了解冗員的專長、特質，若有合適職位時予以安排。

局部調整作業流程，在不增加成本的原則下，將冗員納入編制內。

學無所長的冗員，安排接受在職訓練或其他專業訓練，習得一技之長後，分配適當工作。

對於年齡較大的冗員，鼓勵辦理退休。這麼做雖然須支出一大筆退休金，但是就長期而言，除了以後不用再支付薪資，又可以避免影響其他員工的工作情緒。

管理者運用社會關係，將冗員介紹到適合發揮所長的企業。不過，事先應向被調任的人員分析利與弊，使他們心甘情願前往任職。

無法做上列各項安排之冗員，適合調任到不必天天上班的職務。如此一來，人事成本雖然無法減少，但是可避免影響其他員工的工作情緒。

不再產生冗員的根本之道

更新體制，使每個人發揮最大效用，
以及建立適當的人事管理制度，避免冗員增加。

精兵政策

相對於大集團而言，小本經營者實力較弱。因此，企業組織結構必須按精兵政策的原則設計，盡可能使結構簡單、中間層次少。內部的橫向聯繫順暢、溝通方便，資訊傳遞速度也會較快，會使整個組織具有靈活的適應性。

這種**精兵組織結構，可以克服大企業內部機構龐大、官僚主義和思想僵化等許多弊端**，有利於技術不斷創新，培養能幹、多能、多才的管理人員，也有利於加強管理者、生產者及顧客間的聯繫與溝通。因此，小企業制定決策通常比大企業果斷迅速，其組織結構往往更能適應環境和市場變化。

國外許多企業，為了避免大企業容易出現的僵化和衰退等官僚主義，紛紛採取精兵政策，進而使企業充滿生機與活力。重點來了，要如何做到呢？那就是，廢除高階主管專用辦公室。因為，集體辦公的優點有：1．**互通資訊，充分發揮集體智慧。**2．**避免大企業容易出現的「派別現象」**。

這些企業成功的祕訣之一，就在於簡潔靈活的組織結構，適應企業生產特點和市場情況等各種方面需求，保持企業組織的年輕化。

疑人可用

如何任用有不良紀錄的人

臣願陛下虛懷易慮，開心見誠，疑則勿用，用則勿疑。

——南宋・陳亮〈論開誠之道〉

◆有開明的管理者，才有出色的屬下

一位將軍率兵征討外敵，得勝回朝後，皇帝並未賞賜金銀財寶，只交給他一個盒子。將軍回家打開一看，竟是許多大臣寫給皇帝的奏章，閱讀內容後，將軍恍然明白皇帝的心意。

原來，將軍在率兵出征期間，國內有許多仇家誣告他擁兵自重企圖謀反。戰爭期間，大將軍與敵軍僵持不下時，皇帝曾下令退兵，可是將軍並未從命，反而堅持奮戰，當時各種攻擊將軍的奏章如雪片飛來，皇帝不但未採納，反而將奏章交給將軍。將軍深受感動，他明白：君王的信任比任何金銀財寶都貴重。

要做到「疑人不用，用人不疑」並不容易。人才都非等閒之輩，能力與野心是同步的。因為很容易受到上司的懷疑，作為管理者應該有容人之量，既然將任務交代給屬下，就要充分授權，讓屬下有施展才能的機會，才能做到人盡其才。有開明的上司，才有出色的屬下。

但是，如果發現有可疑情況，不知該如何處理時，建議可以這樣做：

疑人不用、用人不疑

這件事全世界只有三個人知道，因為你平時對我好，我才把這個好康分享給你……

管理者發現可疑情況時：

1．馬上暗中調查，勿傷團隊和氣。

2．傳言若被證實，先將此人調離核心再依法行事。

3．切勿直接起衝突，避免整個職場處於負面能量。

鼓勵屬下犯錯

在國外，一些成功的管理者聘用經營管理人時，往往提出這樣一項要求：在受聘的第一年任期內，允許而且必須犯一次以上的「合理錯誤」，如果做不到這一點，此人在第二年就將被解聘。

所謂「合理錯誤」，是指在工作中，特別是在激烈的市場競爭中勇於開拓，敢於擔負一定風險的經營決策者，不是由於自身素質的原因，而是由於對手過強，或其他方面配合不夠、不守信用等客觀原因，造成難以避免的失誤。知法犯法、莽撞胡來，自然不在此列。管理者認為，新聘人員在一年任期內不犯合理錯誤，意味著此人沒有創造性、保守平庸，不可能獨當一面，自然不能重用。

人無完人，大膽任用犯合理錯誤的人，使他們感受尊敬和信任，在今後的工作中更能激發創造性，實現更高的工作效率。

去除對屬下的偏見

用過去的經驗推測當前的人和事，難免會有某種程度的偏見，有時這種經驗固然能使人預先採取某些防範措施，但很多時候，偏見會產生很多不良的影響。尤其對管理者而言，不宜以個人好惡判斷事情，如果對某人或某事，僅憑個人片面印象就匆忙做出結論，顯然不妥。

漢初名將韓信，最初在劉邦手下時，並不受重用，因為劉邦認為他是甘受胯下之辱的懦夫，豈能成為大將。韓信無奈準備遠走他處，後來蕭何月下追韓信，並犯上死諫，讓漢王劉邦拜韓信為將。劉邦不愧是識才的名主，看到韓信的才能之後，便毫不猶豫地將大權交於韓信之手，一統天下。

管理者也需反思，自己對某些屬下是否存有偏見。如有，請從實際工作中詳加考察，也許會有新的發現，達到準確用人的目標。

了解屬下在做什麼

打小報告的人動機很單純，一方面是想讓管理者注意他們，另一方面是想透過指責別人，突顯自己，謀求升職的途徑。多數喜歡打小報告的人都不會獨立行動，他們總是設法聚集同盟者壯大聲勢，以自己的同盟者做為有力的支援。管理者不能重用打小報告的人，但是可以利用有以下特點的人，為你效力：

1．讓傳播小道消息的人散播資訊。
2．讓感覺敏銳的人反映異常情況。
3．讓追根究柢的人分析綜合資訊。
4．讓謹慎、敬業的人反映內心感受。
5．讓善於表達的人傳達意見。
6．讓口才極佳的人負責溝通。

利用有靠山的員工

狐假虎威的員工如果真正有能力，可借助他們促進工作效能，但管理者一定要掌握分寸，千萬不要因此受控於人。

狐假虎威的人如果沒有能力，則無須特別遷就他們。一定要掌握基本原則——至少不能讓他們增加其他員工的困擾。並且不要過於親近他們，否則將失去其他員工的信任。

要充分利用既有能力又有靠山的員工，由於他們有靠山，所以工作很得力，成效自然也好。若有這樣的員工，應注意善用和提拔他們，可以和他們保持良好關係，但不要當著其他員工的面，表現得過於親密。

不要與有靠山而沒有能力的員工為敵，要讓他們去做能力所及的工作，但要盡可能地不讓當事人感到自己不受重用，多注意他們的優點，少談論他們的缺點。

一次不忠，百次不用

某位屬下提出辭呈，到底是什麼原因，讓他想離開呢？或許他有可能只是在試探你的態度，遇到此情況一定要審慎處理。

首先，衡量此人對公司的重要性，如果某些事情只有他才能應付自如，那麼就與他談判，作出讓步，在一定程度內滿足他的願望。例如：升職、加薪等，而且還要請對方守口如瓶，一來避免眾人猜忌，二來防止開錯例。同時，開始削弱此人的權力，把某些重大任務移交另一人，中止他「勢力坐大」，也能避免他食髓知味，一再拿離職作為要脅。

選才不拘一格

管理者提拔人才應當不拘一格，不能因為一個人有某些缺點，就將他打入冷宮，**是人才就該善用**，這是最基本的用人原則。

不要因為某位員工曾經犯錯或冒犯過你，你就不看好他，最好是再仔細考察一次，或許你會發現事實並非如此，因而你決定要提拔他們：

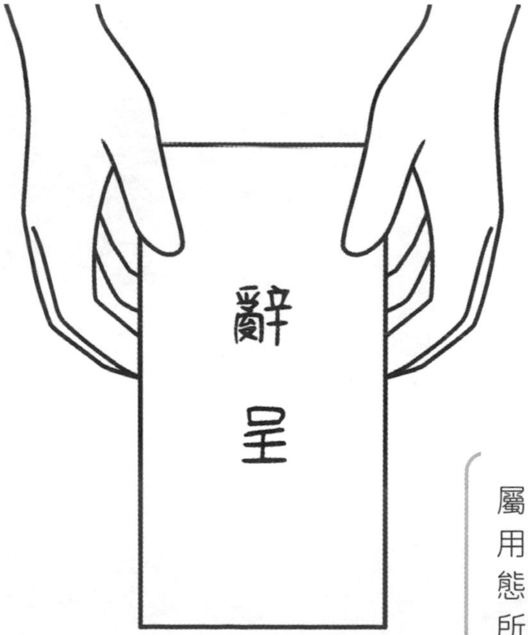

屬下提出辭呈時必須探究其用意，可能只是在試探你的態度，或者想要讓你對他有所讓步，遇到這種情形更需審慎處理。

1. 曾當眾對你無禮的屬下

因為專業能力強，仍不計前嫌地讓他在身邊擔任重要的職位。

2. 犯過錯的屬下

明辨問題，經過一段時間的培養、考察後，把他提升到一個新職位。

3. 知識、能力都比你強的屬下

不會因為嫉妒而不提拔他，反而讓他肩負重要職責。

做到上述這些，你的威信將能逐步建立。即使你提拔的人才，一時還不能令大家滿意，但不必過於著急，只要是金子，總有一天會發光。適當地提拔屬下，能證明這位管理者的用人素質。如果屬下能感受到主管辦事的公平合理，就能得到屬下的信任，管理起來更為上手。

第9計

奸人不用

如何避免誤用小人

親賢臣，遠小人，此先漢所以興隆也；親小人，遠賢臣，此後漢所以傾頹也。
——三國．諸葛亮〈出師表〉

親賢臣，遠小人

「親賢臣，遠小人」每個人都知道這個道理，但要真正做到並不容易。

每位主管身邊都難免有拍馬屁的人，甜言蜜語、讚揚稱頌不絕於耳。當中有些人手段特別高明，奉承而不動聲色，拍馬屁拍得讓主管怡然自得，就如金庸筆下的韋小寶一樣，可是他們卻沒有韋小寶對康熙的忠心與義氣。世上沒有白吃的午餐，他們看中的是管理者手中的金錢和權力，你不得不防範。

用人，要不分親疏。**人性中有弱點，理性與感性很難分開。**人們都願意用自己看著順眼，與自己比較親近，會說話、會做事的人。可是這樣的人不一定是賢能之人，不一定有才幹。而且管理者這樣用人，常常會讓善於鑽營的人混到重要職位，影響工作不說，也打擊了其他員工的士氣。

用人的標準，應強調能力、才幹與業績，而不是將個人好惡放在首位。

權力欲過強的人不可重用

權力欲極強的人，時時不忘在人前顯示自己的能力，這種人已經下定決心，一定要升到某高階的職位，不達目的誓不罷休。他們對於工作盡心盡力，無需別人督導，帶著使命感與熱忱努力表現自己。這種人把工作當作自己的生命，而不是調劑人生的方式。權力型的人，只有野心沒有計劃，任何人、任何事阻礙他們，都會使他們暴跳如雷，他們是極其自私型的人。

如何對付團隊中的搗蛋鬼

不要容忍員工的不良行為，對員工抱有一定程度的寬容，是合乎情理的，但是如果毫不追究員工的不良行為，就表示你不夠稱職。員工偶然出一次小錯，可以不必計較，但如果接連不斷地犯錯勢必釀成大禍，不能等閒視之。

及時處理不良行為，如經常遲到、惡意的玩笑、不恰當的言詞、不尊重他人、說三道四、工作時處理私事、撒謊等。你不能總是寬容無法完成工作、有不良行為的人，倘若他不知改過，則可考慮將其解雇。

◇老實人與奸巧人的九大特點

區別人的好壞，有一個最基本、最簡單的方法就是觀察他老不老實。老實人可重用，奸巧的人不可大用。具體來說，這兩種人有以下幾個特點可以辨識：

老實人	奸巧人
1．不爭名奪利。	為獲取個人名利，會不擇手段。
2．不沽名釣譽。	習慣往自己臉上貼金，甚至不惜打擊別人，來抬高自己身價。
3．不阿諛奉承。	時常向主管獻殷勤，順便說老實人的壞話，不了解實際情況的上司很容易上當。
4．不會表裡不一。	慣於暗箭傷人。
5．不會製造輿論。	善於造謠生事，添油加醋，使老實人受到誤解。
6．忙著埋頭苦幹。	忙著中傷別人。
7．心地純良，常犯「以君子之心度小人之腹」的毛病。	詭計多端，常用冠冕堂皇的詞句害人。
8．善於忍讓，吃虧也自認倒楣。	得了便宜還賣乖，得不到便宜便鬧事，一些欺軟怕硬的人為求安定，便受制於奸巧人。
9．不會拉幫結夥。	喜歡結黨營私，使老實人處於劣勢。

◆不要用自作聰明的人

管理者常碰到的麻煩，就是任用太多自以為聰明的員工，他們常犯的毛病就是不肯努力。日本知名管理者堤義明（西武鐵道集團前負責人），便不喜歡聘用所謂的天才，他曾說：「不輕易任用聰明人」。原因如下：

1．聰明人常犯的毛病就是看不起其他人。

2．聰明人欲望較常人強烈，在群體中會是麻煩的來源。

被稱讚了不起的聰明人，在個人才智方面的確勝出普通人不知多少倍，不過其中能常保謙遜、謹慎行事的人，實在少之又少。所謂的「聰明人」會常常輕視他人，大企業是一個大家庭，如果任用自大、目中無人的人才，不但妨礙正常業務的運行，太超過的話，會使得企業逐漸分崩離析。事實上，有很多所謂的企業界英才，不到幾年的時間，反便成體制的破壞者。

堤義明不輕易任用聰明人的第二個擔憂是：聰明人的野心欲望高出常人太多。一旦掌握企業大權，很可能私心蓋過良心，一心只為自己的權力欲望找出路，遂其私利。

不要任用不稱職的人

《說苑．臣術》中記載，高繚在晏子手下當官，晏子要攆走他，左右勸諫不要這麼做。晏子說：「我是個平庸淺陋的人，要靠眾人的幫助，才能做好事情。可是這位高繚先生，在我這裡三年了，卻從來不曾糾正我的過錯，所以要攆走他。」

高繚三年不曾指正晏子的缺失，探究其可能的原因如下：

第一，**錯而不肯說**，故意阿諛奉承。

第二，**知錯而不敢說**，只想明哲保身。

第三，**見識淺薄**，根本無法分辨對錯。

無論原因是什麼，在晏子看來都是毫無用處的人。

晏子的用人之道，在現代社會還是可以借鑒。

第一種，**錯而不肯說的人**不可用：他們一切出於私利，極盡趨炎附勢之能事，緊要關頭一定會出賣整體利益。

第二種，**知錯而不敢說的人**不可用：他們唯唯諾諾以自保，毫無開拓奮進的精神，不求有功但求無過。時間久了，事業會毀在這種人手上。

第三種，**見識淺薄的人**不可用。不學無術、一無所長、毫無建樹。

◇不能重用的十八種人

1．好高騖遠：精深的事不會做，粗淺的事又不願做，注定其人生的失敗。

2．自憐自欺：自己既沒有用人的才幹，而又不願被別人所用。

3．孤獨自處：不能接近好人，又不能疏遠壞人，必會被好人遠離，被壞人同化，其結果是很危險的。

4．濫交無友：雖然熟人滿天下，卻沒有真正的朋友，別人對他沒有建言，他也無法給別人意見，無法進步、無所成就。

5．自私自利：只講求個人利益。

6．隨風而倒：牆頭草，西瓜偎大邊。

7．牢騷太盛：看待任何事都是灰色的心態，嫉妒比他還厲害的人，負面情緒傳染性很強。

8．太過敏感：抗壓性極差，過於內向憂鬱。

9．反社會者：有破壞心理，仇恨一切，盼望毀滅性事件發生。

10．思想偏激：常以追求真理的面目出現，但想法極端。

11．挑撥離間：唯恐天下不亂，有這種人在，企業永無寧日。

12．吹牛說謊：口若懸河、誇誇其談，彷彿引領潮流。

13．大言欺人：言辭繁雜但內容空泛，只是乍聽之下似乎意義深遠。
14．曲意逢迎：刻意迎合別人的意見，好像若有所悟。
15．隨波逐流：人云亦云，總是聽了別人的講述後才下判斷。
16．不懂裝懂：迴避疑難問題，好像懂得很多，實際上一無所知。
17．淺嘗輒止：仰慕通曉道理的人，但只學到皮毛，好像領悟到了，其實並未真正理解。
18．爭強好勝：不顧常理，理屈詞窮，還自以為有妙語，以至牽強附會、強詞奪理。

很多企業都有害群之馬，破壞性強、影響力大、防不勝防，這些人都要注意不能委以重任，才能避開發生「一粒老鼠屎，壞了一鍋粥」的悲劇。

第二篇

用才

駁人的技巧

領導者的修練

剛柔相濟

如何正確批評員工的過失

凡為將者，當以剛柔相濟，不可徒恃其勇。
——元末明初．羅貫中《三國演義》第七十一回

◇不要當眾斥責

倘若屬下在工作中出現失誤，上司當眾斥責會使他臉面無光、無地自容，自尊心被深深地刺傷，工作態度也許會因此變得意興闌珊。成功的主管在屬下犯錯時要選擇適當的方式，例如私下提出批評。這樣一來，屬下會感激萬分，因為他清楚主管不僅顧及他的面子，還給了他機會，知恩必報，將心比心，未來他會更加努力以回報上司。

不要在衝動時責備

一個管理者為了達到公司目標廢寢忘食，全力指導屬下，但發現屬下的錯誤仍然再三發生。此時，若發現屬下是因為缺乏責任感而犯錯時，難免怒氣攻心，不經思考就馬上指責。這只是發洩怒氣，而非就事論事，一旦禍從口出，便難以挽回，就算你事後坦率地道歉，對方所受的傷恐怕也需要一段時間才能復原。那麼，該如何平復惱怒的情緒呢？以下列出幾個辦法：

1．暫時離開現場，緩和情緒。
2．去喝茶、喝杯咖啡、或是抽根煙。
3．轉移注意力，忙其他事。
4．閱讀。不需精讀，翻閱即可。
5．打電話。拿起話筒，撥下號碼，在這些動作之間，氣氛就會稍微改變。
6．去跑步。

總之，轉換氣氛，留下緩衝時間，不要讓自己陷入惡劣的氣氛中。暫停一下，自覺「怎麼這麼糊塗」，然後一笑置之，憤怒便不知不覺消失了。在發脾氣前稍停幾分鐘，情況可能就不同了。

不要在客戶面前指責

在客戶面前指責屬下會讓他下不了台，而且公司對外的表現是全體工作人員共同努力的結果，如果外界有何不滿，最高負責人應負起這個責任，不能拿基層員工當擋箭牌、逃避責任。被指責的屬下很可能因此自暴自棄，以後對任何活動與工作可能再也不會熱衷了。

工作上發生問題，主管應將負責的員工找來，問明原因後便負起責任，盡速處理問題。等客戶離開了，有必要糾正、責備負責員工時，再嚴格執行。

責備沒有效果時，不妨多給予稱讚

大多數人遭受責備時，都會覺得不舒服，但也有些人不把責備當一回事，任你說破嘴皮，依然我行我素。

某企業的經理精明能幹，屬下也非常幹練。但不久前一名助手調職，接任的是一名剛畢業的大學生，個性粗心草率，資料雜亂無章，經理糾正他多次，依然未見改進。於是，經理決定改變策略，仔細觀察他的優點並給予讚賞。這個辦法果然奏效，他慢慢地變得有條不紊。

改變事物的方法有很多種，當一種方式不能奏效時，不妨換個方法試試。

例如，可以用引導代替責備。當屬下犯錯，管理者有時一時難忍的破口大罵，難聽的話一出口便難以挽回。你是在發洩情緒呢？還是要讓他知錯，以免重蹈覆轍呢？主管自己必須先冷靜想清楚。

當然，最好的方式是冷靜下來，想辦法和他一起思考後續該怎麼處理，讓他感受主管並沒有棄他於不顧。

引導代替責備

你居然把事給搞砸了
盛怒之下的破口大罵
憤怒一時難忍，一旦禍從口出便難以挽回。你是在發洩情緒？還是要讓下屬知錯以免重蹈覆轍？主管自己必須先冷靜想清楚。
具體的訓斥一定要做，但應想辦法和他一起思考後續該怎麼處理，讓屬下感受主管並沒有棄他於不顧。
主管應協助屬下思考：以後該怎麼做？

◆六分表揚、四分批評

要切實履行主管應有的職責，賞罰分明。假使屬下表現出色，主管卻無動於衷，對表現不佳的員工也毫無反應，這種麻木不仁的主管無法帶領屬下走向成功之路。只有對屬下的所作所為做出明確反應，才能激勵人心，或使人有所警惕。如果一味批評，可能導致消極氣氛蔓延，而一味表揚，屬下則會產生驕氣，有時甚至產生誤解，認為主管在戴高帽，以吹捧的方法滿足其虛榮心，久而久之也會引起反感。

一般認為「六分表揚、四分批評」效果比較好。當然，這要視情況而定，但是表揚多於批評，不失為理想的原則。

◆讓失敗者自我反省

我們常說：「失敗為成功之母」。意思是說，我們不該將失敗視為一種結果，就此終了，也不可將失敗作為最終的評價。就企業經營而言，訂立周詳計劃付諸執行後，卻因某種因素而失敗，可能是在擬定計劃時產生了問題，或者是實行時有不恰當的做法，或者是有不夠努力的地方。此時，若毫不留情指責當事人，則無異於否定了對方的一切努力。倒不如冷靜地分析，鼓勵其保留優點，克服缺點。

應將「失敗」視為獲得成功的某一階段，即所謂「失敗為成功之母」。為了吸取教訓，適度責備相當重要，以教導其捨棄不正確的部分。不過，身為上司更應考慮如何避免產生負面影響。

負面影響，指失敗後由於受到指責並追究責任，難免形成害怕失敗的心態。

然而如果一味地想避開失敗，極易養成屬下得過且過的消極處世態度。如此一來，不僅使屬下成為不負責任的員工，且也不會懂得思考失敗的原因。

不過就心理層面而言，失敗者基於個人的自尊及好勝心，大多能自我反省。若再遭受責備只會使對方心情更低落，除了毫無意義，還可能使公司競爭力下降。

不管如何，指責屬下過錯的同時，還是需以大局為重，以完成工作任務為優先。

指責屬下的過錯時，需以大局著想，以完成工作任務為優先

如果工作期限將至，屬下表示突然生病或發生意外，任務還沒完成。你應當如何處理？

思考

首先挽救工作。立即投入最大的人力、精力，先盡可能把工作完成再說。

對於耽誤工作的屬下，你應當如何處理？

思考

如果他說的是事實，必須提供協助，讓他盡速完成工作。不過，還是要讓他正視問題的嚴重性。

告誡屬下，既已知無法如期完成，為何不早一點提出，反而拖延不理，知道這樣對公司造成了多大的損失嗎？

思考

務必請他改善工作方法，採取防止下次再犯的措施，若一再重覆不改，最後不得已得重新評估屬下的去留問題。

◆好虎不得罪一群狼

中國有句古語「法不責眾」，挨罵的人多了，大家會覺得無動於衷，點誰的名進行批評，誰就會心中不服。「認為大家都是這樣，又不只我一個，憑什麼單挑我的毛病呢？」大多數人有著共同心理，會覺得你的批評是嘮嘮叨叨、吹毛求疵，十分討厭，說不定還要「觸犯眾怒」呢！

這個時候應該怎麼辦呢？聰明的管理者會這樣做：表揚少數，以服眾人。例如，總經理召開工作會議，只有財會主管準時出席，其他人全部遲到。總經理十分惱火，但他沒有批評任何人，只是表揚了財會主管，高度讚揚了他的守時作風，結果其他人都面帶愧色。

因為遲到的人當中，很可能有人有正當理由，如果不分青紅皂白將他們批評一通，那麼有正當理由者必然心中不服，覺得冤枉，想要申辯。他一申辯，其他人也會紛紛申辯，結果不但達不到目的，還把大多數人都給得罪了。

其實在場的人誰也不怕批評，有這麼多人陪著又不丟臉，一旦有人申辯，何不跟著起哄呢？若將「有正當理由的」和「沒有正當理由的」做區別對待又不可能。就算能夠區分，後者也會惱怒。**好虎不得罪一群狼，管理者行使批評的手段，不可觸犯眾怒**，一旦把所有的人都得罪了，眾人聯合起來抵制你、拆你的台，可就要吃不完兜著走了。

無論任何團體，當員工犯下不可原諒的錯誤，上司無可避免地要加以斥責。然而一旦喝斥的次數過多，便往往起不了任何作用，且極容易讓屬下認為他們的上司性情暴戾、動輒發怒，進而產生反感。

值得注意的是，真正擅於管理的統帥者，在痛斥下屬之後，必不忘立即補上安慰或鼓勵的話語。因為任何人遭受斥責後，必然垂頭喪氣，信心喪失殆盡。此時上司若能適時地以一兩句溫馨的話語鼓勵他，讓被斥責的屬下體會「愛之深，責之切」的道理，就能更加發憤圖強。

據說「經營之神」松下幸之助在責備屬下後，當天晚上會立刻打電話到該屬下的家中，給予鼓勵與安慰。因此，遭受斥責的屬下往往心存感激，認為主管用心良苦。如此一來，屬下對於松下幸之助所指正的內容更能牢記在心，並大大地提高了工作的自覺性。

◆不妨試試「靠邊站」

員工拒絕按照你的要求去做該怎麼辦呢？先不要發脾氣，問問自己：我讓員工做的事情是他有把握的嗎？他理解我所說的話了嗎？他執意拒絕工作，是否有某些我不知道的理由呢？你也許惱火他拒絕執行你的指令，但屬下不執行命令可能有充分的理由。

如果員工拒絕聽從你的指令，堅持不配合，你也許可以處罰他，較為明智的行動是轉而求助於另一位願意執行命令的人，這樣一來，你可以使他「靠邊站一下」。

記住，**你的職責是借助於他人的幫助來完成工作，解雇或懲罰員工是不能完成工作的**。立場要堅決，氣度要恢弘，你是與員工一起工作，而不是與他們作對。如果這些都做了，他依然反對你，就要提醒他如果再不合作將可能受到處分，甚至解雇。切記，這是最後手段，當其他辦法都無效時才能使用。

第11計

紀綱人倫

如何讓員工遵守規章制度

二千石官長紀綱人倫，將何以佐朕燭幽隱，勸元元，厲蒸庶，崇鄉黨之訓哉？

——東漢．班固《漢書．武帝紀》

制度完善才能專心工作

在制度完善的公司做事，工作情緒相對高昂。反之，在沒有規矩可依循的公司上班，工作情緒也趨於散漫。

規矩是為維持團體秩序、加強團結而產生的，所以團體內的成員都要遵守。在非正式團體中，彼此尤為親密，一致行動時就形成集團化，不知不覺中成了集團的規範。這種規範無形中也制約了各團體的成員，彼此皆能自動遵守這個規範。但越大的團體向心力越弱，越不易統一，因此需要明確的制度讓成員在行動上取得一致。

讓員工在規定的範圍內行事

積極進取的員工有時會過於熱情，甚至超越了理智限度，不受約束的熱情會導致不適當的行為。**主管的作用之一就是規定限制，建立合理的規範**，員工就會在其規定的範圍內行事。

這種限制不應過於嚴格，可以寬鬆一些，增加靈活性，讓員工盡可能發揮所長。有兩種層次的「限制」似乎最有效：首先是規定員工在範圍內，可以不受約束地執行職責，其次是當超越規定的範圍，要求員工在繼續進行之前，要先得到管理階層的許可。員工確實也很想知道他們所受的限制，這樣更能堅定他們對於自己所享有的自由的信心，同時也了解組織控制是如何存在的。

反制職場霸凌

當受到職場言語暴力或言語性騷擾等狀況，必須捍衛自己的權益進行申訴。就像遇到綠燈一樣，要勇敢前進。

規定是死的嗎？

別再對客人說「這是公司的規定」，當遇到規範外的狀況時，務必請示主管及時解決保住企業形象。像是看到黃燈時，要停一下。

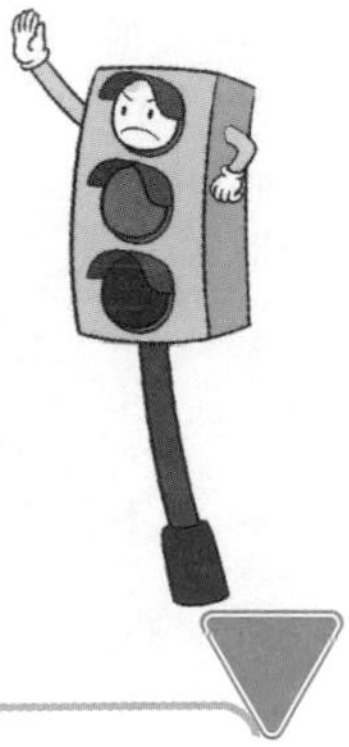

不縱容職場犯罪者

洩漏公司產品機密，一律依法辦理，絕不寬貸。像是紅燈不能硬闖，否則受傷的會是自己。

為了確保秩序，當然希望員工能自行遵守規定，但事實上不太可能，很難有個規定可以讓所有人心服口服，所以必須多聽聽員工的意見，多擷取他們的建議，待員工充分同意後再制訂規定。如果規定無法被遵守，在廢止之前須做全盤的檢驗，看看有無勉強、不合理、不必要的規矩摻雜其中。規矩可能因時而異，若不合時代要求，就應大刀闊斧地修改或刪除。

◆拋棄影響效率的「老規矩」

每個企業都會在不知不覺中形成一些不成文的規定。例如：「本月份的目標是百分之百」，大家私下就會想：「實際上做到七成就行了」，員工之間若有這種默契，會形成對任何工作都打折扣的習慣。

◆不能無視員工的浪費與怠惰

為了避免浪費，首先主管要以身作則，一旦發現員工有小浪費現象，要進行指正，因為小浪費會帶來大損失，即使員工發牢騷，提出「這點小事都斤斤計較，真是太小氣了」的抱怨，仍然不能妥協。

絕不能養成浪費的習慣。當日本《經濟時報》面臨危機之際，為了重整旗鼓，正坊地隆美（元日本レコード協会会長）從日立事務所調過去當管理者。年末大掃除時，他看到地上扔著幾根短的鉛筆頭，於是把財務部長叫過來，請他把鉛筆頭撿起來。正坊地隆美的這種行為，使得員工們對勤儉節約有了新的認識，大家都想：連部長都這麼節約，自己今後一定要注意。

如果不注意小浪費，積少成多就會造成大損失，任何企業都經不起浪費。

如何拒絕屬下，不合理的請求

來自屬下不合情理的要求，往往使管理者感到為難。在一個繁忙的下午，某一員工突然要求告假兩個小時，因為家具店將送貨到家裡。面對這種情況，一般沒有經驗的管理者通常會採取下面兩種回應：第一，斷然拒絕，不理會他的感受。第二，擔心觸怒他，或想當好人而勉強答應。

其實這兩種方式都是不妥的，斷然拒絕的方式將引起雙方的不悅，降低屬下的士氣。勉強答應的方式將影響工作進度，增加其他同仁的工作量。倘若管理者客觀權衡當時情況，大概都會認同在那個時候不宜准假，應如何拒絕才不至於產生不良的後果呢？

「我知道你急著回家，但明天是交貨日。為了不失去這位大客戶，我需要你幫忙趕進度。請你打電話給家具公司，請他們明天下午再送貨，那時你就可以回去簽收了。」

當然，以上的答覆可能仍然難以令該屬下感到完全滿意，但是主管至少已採取了最好的方式：

1．主管慎重考慮屬下的要求，而不是想也沒想就一口回絕。
2．主管表達了自己的需求。
3．耐心地解釋為何不能准假。
4．讓屬下知道自己是一位得力的助手，有助於提高士氣。
5．主管提供解決問題的其他可行途徑。

◆避免制訂不合時宜的規章制度

每個組織都需要規章制度指導其運作，規章制度的制定和執行是管理者的責任。企業希望員工遵守這些規章制度，因而要確保所有的規章、條例、政策、程式和操作方式都合理又正確。

組織發展得越大就越需要制定更多的規章制度。即使一切正常運行，隨著組織人數增加，也會使規章制度隨之調整。所以在制定政策時，一定要考慮這些情況，避免規章內容僵化，形同具文。

不親不疏

保持合適距離，建立主管的威信

使親疏貴賤長幼男女之理，皆形見予樂。

——西漢．司馬遷《史記．樂書》

◆ 如何對付員工派別之爭

在公司或某部門中，往往會有以經歷取勝或以學歷見長，兩種不同背景的員工，他們極少互相妥協，而是尋找種種事實證明自己的論點是正確的。

面對兩派之爭，作為管理者的你一定大感頭痛，如何評定他們的加薪幅度，也會使你大費思量。得罪其中一方，被批評為不公平時，辭職風波便會隨之而起，那一時如何找人填補空缺呢？當然是很難的。

身為管理者的你，必須抱著客觀的態度看待事實。

你可以在例會中有意無意間表現你對經驗和學問同樣重視的立場，顯示自己不會偏袒任何一方。在兩派中找出幾位績效好的人出來，加以鼓勵和讚賞，盡量做到公平對待。

◆不要太近，也不要太遠

身為管理者應該要學會與員工之間保持一定的距離。這種距離應恰到好處，不要太近，也不能太遠。如果太遠，會被指責冷淡；如果太近，又會失去別人的尊敬。

管理者要取得員工的信任，又不能發展成過於親密的關係。主管與員工間若有過度的感情摻入，會有潛在破壞力的存在。假使主管將個人好惡摻雜其中，只關注自己喜愛的員工，將對其他員工造成不良影響，最後導致員工互相傷害、詆毀。

◆慎重調解下屬之間的不合

調解屬下之間的紛爭十分棘手。對於一般分歧及個人紛爭，主管還是不親自出面的好，最好讓他們自己解決。如果爭論涉及到較重大的業務問題，就不能撒手不管了，這時出面調解，要掌握兩個關鍵問題：1．誰是誰非，2．職務高低。在同等級員工之間發生爭執時，你要支持有理的一方並解釋理由，以表明公正的態度。

在不同等級員工之間發生爭論時，調解就要費些腦筋了。一般來說，職務高與職務低的人發生衝突時，多半是職務較低的一方有理，處理這樣的局面要有技巧，不能完全用道理作為裁決的唯一尺度。有時為了顧全大局，或因應企業倫理，無法直接表明職務低的人較有理，高層主管這時就必須私下勸慰職務低的人，表示理解其作為。

對於職場中人際關係的摩擦與衝突不能視而不見，有時還得適當保持中立。

保持中立並不是兩面討好或擺明事不關己，而是以公正的處事態度有助於化解矛盾與解決問題。

很重要，再說一次。

調解下屬間的糾紛，若處理不當可能會演變成私人恩怨，不得忽視。既不能坐視不管，也不能深陷其中，只能保持中立，緩和雙方僵冷的氣氛，再視情況進行調解，這樣也能幫助你冷靜判斷處理。

調解下屬糾紛須保持中立

你是個人前人後的變色龍！
你是個常放暗箭的小人！

不要有個人好惡

一般人都想要和自己喜歡的人一起工作，不過與討厭的人共事卻是成為一個主管應具備的條件之一，如果你有心要成為主管，就必須有好性情，絕對不要將情緒表露出來。

心理越不成熟的人越喜歡憑自己的印象斷定別人的好壞。有些人還未真正認識對方就產生排斥感，這是最愚昧的行為，因為那個人說不定可以和多數人愉快共事。

職場中，處處存在不能實事求是、秉公處理的現象。例如：平時不喜歡某個人，儘管他有才華，在選才時總刻意忽略。反之，因為喜歡某個人，便時時找機會提拔他。還有處理問題時，因為加入了感情色彩，該處分的不處分或減輕處分，不僅埋沒了人才，還會影響員工對管理者的看法。

任用人才時，要堅持任人唯賢的原則，不能以個人好惡為標準，避免私心，須以大局為眾，公正客觀地任用賢才。

要避免情緒因素的干擾，在做出人事決策時，不能光憑主事者的感覺，而是要依循各種行之有效的制度，例如考績。

一視同仁對待員工

員工各有優缺點，應該量才而用，賦予不同的職責，給付不同的薪資，但在紀律要求上應該一視同仁。要求員工準時，所有員工就都應遵守，不能有所偏袒。這在歷史悠久的企業是比較難辦到的，許多資深員工擁有特權是常見的事。

但在新創的企業不能有這種陋習存在，從一開始就要求大家遵守相同的紀律，身為主管最好以身作則才能服眾。真正的管理高手是態度謙和，容易和員工打成一片，卻又不失管理者的氣勢。員工有自己的優點，可能是主管不及的，主管可以跟著他學習，互相交流心得，彼此都能成長。

難以決斷也是結論

在會議中，如果大家的意見各執一端而相持不下時，有人會回答：「我正在考慮」這種既不贊成也不反對的意見，實在也是不得已。下這種結論，誰也不能責怪他，以前的人常會批評這種意見「模稜兩可」，但我認為說這種話的人，實際上是不了解事物背後具有多元性的考量。

主管對待員工要公平公正，不能有私心或是個人好惡。

要做決定，尤其是在會議上做出決策，如果沒有把握，不確定哪一邊比較好，就盲目地服從多數人的意見，最後常會發生大錯誤。

再者，在會議中決定事情時，每個人的責任都不夠明確，常會不由自主的附和多數。這種既不贊成也不反對的回答，不失為可行的表達方式。

贊成第一方案便意味埋沒第二方案，為表示慎重考慮而說：「我正在考慮」。讓參與開會的成員了解自己尚不能決定，並再一次的徹底研究第一、第二兩案。

迅速表決看似乾淨俐落，但可能會有後遺症出現，因此「委決不下」這種不急於下結論的做法，即使被認為缺乏果斷，仍然是將來預備做主管的人不可或缺的。也就是說，你不必急於一時判別是非黑白，要知道灰色地帶也是一種結論。

第13計

殺一儆百

如何整治不遵守規定的人

其有所取也，以一警百，吏民皆服，恐懼改行自新。

——東漢・班固《漢書・尹翁歸傳》

如何對付派別之爭

當公司或部門陷入無秩序狀態，主管的命令無法產生效果時，該怎麼辦呢？這時候不妨針對整個組織進行整頓，整頓的方法之一便是先從整治特定的人開始。

因為責備整個部門會分散責任，會使大家以為每個人都有錯，也有可能認為大家都沒有錯，所以懲戒嚴重過失者可使其他人約束自己，而且如果被責備的對象是資深或重要幹部，效果必然倍增。在部門內緊張感提高後，每個人會加倍努力工作，組織則自動回復原有秩序的狀態。

上司若指責基層員工，可能使此人的自尊心受到嚴重的傷害。但是如果受指責的是肩負重擔的部門主管，由於他能確認自己的職責以及被指責的原因，其實並不會造成嚴重的傷害。為了整頓企業內部渙散的士氣，有時不妨刻意找一個人開刀，製造一點緊張的氣氛。

◇給不聽話的人一點顏色

有些員工自恃有特定專長，知道公司一時很難找到人替代他的職位，或仗勢與客戶之間關係良好，往往難以管束，對公司規章視而不見。若你遇到上述情況，請先弄清楚該員工對公司的重要性，評估他的專長是否真的難以代替？還有，他與客戶的關係是否有涉及私下的利益呢？假如他真的暫時無可替代，沒了他會受到損失的話，姑且暫時容忍他。

最好私下找機會和他談談，了解一下不遵守規定的原因，是否對公司有所不滿呢？或是與同事之間有心結？了解原因之後，自然可以對症下藥，公司就不會損失一名有用的員工。

不過，有時候是員工本身個性驕傲自大，以為公司不能沒有他，所以氣焰囂張。如果是這樣的話，最好安排另一位員工，逐步接替他的工作，並物色適當的人選。在時機未成熟前最好別讓他知道，可以鼓勵他多放假，好趁機要他把工作交給別人，同時又可以用升職為藉口，要他培養一些接班人。

必要時，可以讓幾個人分擔他的工作，至於客戶方面則要由高層接手處理，努力加強相互的聯繫。其實在商言商，只要雙方合作順利，客戶是不會輕易被跳槽員工帶走的，客戶和某一員工交情好，只是想讓工作方便一點而已。

如何開除不適任的員工

1.

先安排人逐步接替工作，
同時找繼任人選。

2.

鼓勵休假或藉口升職，趁機把他的
工作交接給別人，同時高層主管開
始接手重要客戶。

3.

一切準備就緒，於適當時機提出解
雇，減少外部和內部的負面影響。

1．準備就緒不妨立即解雇，盡量減少對公司的負面影響，同時向其他員工解釋原因。

2．假如此人一直恃功專橫，員工會很慶幸公司將他解雇，對鼓舞士氣也有幫助。

◇把握「快、狠、準」要領

管理者運用批評、懲罰手段應更富有技巧性。「打一巴掌很重要，但一定要打得響、打得絕」。具體而言，這一巴掌要打得「快、狠、準」。

採取強硬手段懲罰一個人也是要冒風險的，這主要在於被懲罰者可能有良好的人際關係，或是掌握著關鍵資訊、有很硬的後台。拿這樣的人開刀就要對他的背景多加考慮，慎重行事。懲罰不當，終會帶來抵制和報復，在動手前應想到後果，要預備應付一切情況發生的可行辦法。

批評、懲罰都要直接乾脆，直指弱點，直刺痛處，一針見血。懲罰一定要看準時機，等待他犯下最典型、最明確、最有危害性的錯誤時，痛下殺手。切忌無事生非、不明事理及小題大做，才能讓受罰的人心服口服，也才能真正讓眾人引以為戒，一旦看準時機、下定決心，便要出手俐落、堅決果斷、毫不留情，切忌猶疑不安、反覆無常。

傑出管理者的經驗是：「一旦採取堅決措施，便須冷酷無情。」即使他們不得不解雇某人，也不因強烈的內疚而顯得猶豫不決，這也是向眾人展現：我的做法是完全正確、適宜的，我毫不後悔，這是最好的選擇。

整頓風氣，不拖泥帶水

◆正確處理屬下的犯上行為

在管理中，最頭痛的事就是「以下犯上」的行為。不僅影響從屬關係，耽誤工作，還會造成雙方的心理壓力。常見屬下「犯上」的行為有：1．不服從工作分配，當面頂撞。2．面對工作敷衍了事，消極怠工。3．陽奉陰違。

至於該如何處理「犯上」行為呢？應先掌握屬下的個性特質，再採取相應措施：

1．對於可能當面頂撞的屬下，管理者要先想好處理方案，衡量可能出現的情況，採取「迂迴作戰」方法，避其鋒芒。

2．對於無理取鬧的，要嚴肅處理、壓其氣焰，不可姑息遷就。對採取消極手段的下屬，管理者要嚴格考評、獎勤罰惰，督促檢查，以制度約束。

3．管理者要有高洞察力，眼明手快，善於識別屬下的兩面手法。對這類屬下，要有掌握事實的基礎，適時糾正其「小聰明」。

◆何時該將員工降職

不少管理者經常遇到這樣的問題，年輕的員工缺乏雄心鬥志，雖然有能力做好工作，卻不願去做。就心理層面而言，每個人都希望追求安定感，不願讓自己的前途每況愈下，身為上司者可利用人類的此種心理，採取強硬的手段，予以降級。

一般人被降級必會產生強烈的不滿和屈辱之感，然而此種不滿同時也能喚醒沉睡中的上進心，亦即所謂的「**心理補償作用**」，這種作用大多能成為奮發向上的動力。

換句話說，如果讓屬下從事低於自己能力的工作，對方便會殷切地希望恢復自己原本能力所及的工作。如此一來，向上之心油然而生，而在恢復原本職位、工作的同時，也可形成積極學習的態度。

對於員工而言，因為被貶使他嘗到屈辱的滋味，此時反而燃起不認輸的鬥志，最後能發憤圖強。這種情形就像一個自認為無法跳過一條河流的人，若能夠退後幾步再衝刺向前跨越，便能夠越過一樣，心理學稱做「助跑效果」。利用屬下這種心理，引發他們對學習的興趣，是上司責無旁貸的事。

不過，有三種人千萬不要與他們妥協：

哪一種員工不要與他們妥協？

有實力，但沒有得到自己希望的地位。

能力普通，但認為自己沒獲得應得的報酬。

能力不佳，但嫉妒心極強。

管理者必須重視以上提到的三種人，因為他們會渙散整體士氣。管理者也應特別注意要求權力的人，他們不僅很有煽動性，還會攪亂人心。

現實情況中，很多有實力的人未必能獲得應有的地位，其中當然會有人心生不滿，還可能對其他人吹噓：「像我這樣有能力的人辭職，對公司將是一大損失。此處不留人，自有留人處。」對這種人就要直接告訴他們：「想走就趕快遞辭呈，否則就好好做，今後還有很多機會。」千萬不要遷就他們，更不能妥協。

至於沒有能力還到處說風涼話的人，可以交代一些艱難的工作，他們通常就會因此閉嘴。

第14計

撥亂反正

如何懲罰員工，以減少犯錯

贊曰：漢承百王之弊，高祖撥亂反正，文景務在養民，至于稽古禮文之事，猶多闕焉。

——東漢・班固《漢書・武帝紀》

◆採取必要的懲處措施

懲處措施是管理者堅持原則的重要手段，能否採取必要的懲處措施，直接關係到管理者形象的確立。

員工的素質往往參差不齊，每個公司都有素質較差的人，甚至有負面作用的人。這些人也許很有背景，一旦他們犯了錯沒受懲罰，員工會看在眼裡，管理者的形象便受到嚴峻的考驗。如果採取措施果斷懲處了他，威信便能因此樹立，若優柔寡斷、猶豫不決，你的形象將毀於一旦。

管理者的威信是透過懲處措施建立起來的。沒有懲處便沒有管理，該處分的人不處分，該懲戒的不懲戒，管理者會被人們視為軟弱，沒有威信。長期如此，形象將受到極大的損害。管理者，一定要透過適當的懲處措施，加強對員工的管理，確立強而有力的形象。

敢於調教難處理的員工

誰也不想遇到難以對付的人，但是這種人到處都有，也許不知不覺中，你就會發現別人與自己對立。身為管理者更應當明白這一點，世人並非都那麼理性，那麼可愛，應當心胸開闊地面對現實。

在公司中有些員工總是不能認真地執行指示和命令，因而管理者無法把工作委派給這種難以管理的員工，久了這種人就成了企業的包袱。如果有難以對付的員工，對管理者來說是很不利的，但是只要管理者能克服與這種員工的對立意識，自然能夠順利地指揮他們。管理者為了達到這個目的，一定要學會認真分析，是什麼原因產生了對立意識：為什麼他們會成為集體的包袱呢？同時，管理者首先必須克服自身與他們的對立意識。如果實在難以調教，應果斷予以解雇。

該責備就責備

管理者不可隨便責備員工，要和他們說道理，要求他們依指示行事。你尊重他們，也要求他們尊重你，若他們故意違反或屢勸不改，就一定要責備。

一定要責備的三類員工，而且態度要強烈及明確

行為失德

有些員工品性不端、心術不正，即使沒做什麼有損公司利益的事，但對其他員工卻可能造成困擾，最常見的就是性騷擾。有些男性員工口無遮攔，愛說黃色笑話，或藉故毛手毛腳，絕不要容忍他們，必須嚴厲指責。如果屢勸不改就應處分，若是一犯再犯毫無悔意，要解雇。

偷懶怠惰

管理者支付薪酬，便有權要求員工完成工作，只要是合理要求，員工都應該達成。但懶惰似乎是人的天性，尤其管理者不在時更是變本加厲，外勤工作偷懶的機會似乎更多。工作效率差、不負責任的員工會拖垮團隊，尤其是員工數少的小公司，更應該要找出害群之馬，激起自尊、自重之心，若一再給予機會而不改善，唯一的方法就是解雇。

態度惡劣

有些員工的性格不善，管理者若是個性溫和型的，就不把主管放在眼裡；有些人自恃工作表現好、辦事效率高，甚至可能在主管面前鬧脾氣。這類員工若不給以一點顏色，就會變本加厲。

如果這些人被糾正還不改過、對管理者不敬，最後的手段就是解雇。因為既然他對主管不尊重，對於公司的任何決策和指令都可能違背，對公司有害無益。

◆熱爐法則

對違反規章制度的人進行懲罰，必須按規定辦理，不得有半點仁慈和寬厚。這是樹立管理者權威的必要手段，西方管理學家將這種懲罰原則稱之為「熱爐法則」。熱爐法則的內涵是，**當屬下在工作中違反了規章制度，就像碰觸燒紅的火爐，一定要讓他受到燙的處罰。**其特點在於：

1．即刻性：一碰到火爐，立即被燙到。
2．預先示警性：燒紅的火爐擺在那裡，你知道碰到會燙傷。
3．適用任何人：不分貴賤親疏，一律平等。
4．徹底貫徹性：絕對「說到做到」，不是嚇唬人的。

管理者必須具備強硬手段，並且堅決果斷的實施。懲罰雖然會使人痛苦一時，但絕對必要，如果執行懲罰時優柔寡斷，就會失去應有的效力。

規章制度面前人人平等，違反規章的人就像碰觸燒紅的火爐，一定要讓他受到燙的處罰。

◆以身作則，多賞少罰

心理學研究顯示，人之所以會產生敬畏的感覺，一方面源於對人、事、物的理性認識，另一方面也源於對形象的敬畏。

管理者確立良好的形象，可以增強員工、屬下對自己的敬畏感，「其身正，不令而行；其身不正，雖令不從」。確立令人敬畏的形象，對於管理者的權威、強化管理、貫徹計劃都是非常必要的。

同時，管理者本人正氣凜然，也是對員工的威懾。有些員工想怠工、搞小團體，看到管理者本人一身正氣，往往「望而生畏、望之卻步」，這對於強化管理、提高效率非常有效。

聰明的管理者總在尋求賞與罰之間的平衡點。懲罰的目的在於導正屬下的行動，使其有利於組織目標的達成，而不是報仇洩恨。對於犯了錯而及時報告事實、迅速修正的人，原則上不處罰。

另外，員工如果有功卻不獎賞，也會影響其工作熱忱。事業心強的人，對自己之於公司有具體貢獻，而上司卻什麼也沒表示，容易心存不滿。對於公司用心的人該賞而不賞，即使他們不離開公司，也會喪失積極進取心。

項羽就是因為不懂感謝部下功勞而導致失敗的明證。項羽號稱「西楚霸王」，勇猛無敵，極為相信自己的力量。得勝之後，將功勞據為己有，不承認部下也有功勞。雖然項羽每戰必勝，但是因為對他不滿，倒戈投向劉邦的人也越來越多，最終在垓下斷送了性命。

日本早川電機的前董事長早川德次曾說：「如果斟酌情形處罰，也許會有人不滿，說我們的管理太鬆散了，做錯事卻不一定會被處罰，可對於這種輕率地進行嚴厲處罰而使人心潰散。如果要選擇其中之一，我還是會採用斟酌情形的處罰辦法。」

如果犯錯而遭受嚴重處罰，害怕失敗、什麼都不敢做的人就會增多。若出發點是善意的，即使引起了錯誤的行為，還能夠積極完成任務，要以不處罰為好。處罰有懲戒、降級、解雇、減薪和警告等，除了行為不正、竊盜及詐騙等所謂刑事犯罪外，盡可能酌量情節輕重處理為好。

在尊重部屬的前提下，犯錯還是要責備

慘！與客戶約 8 點開會，已經遲到了
主管：「為什麼拜訪客戶遲到了呢？若不熟悉路線，是不是該提早出發？」

如果你的屬下老是習慣為錯誤找藉口，請先忍住暫不要在客戶的面前責備，而要另行找機會教導。告誡他遲到不是小事，因為不守時，客戶很可能對我們不信任，若不立即改善，依法懲處。

◇同情弱者

在我們這個大力提倡競爭的年代，弱者似乎就等同於失敗，無論在哪裡都難免受到別人有意無意的排擠與冷落。也許人們對弱者所持的態度還是善意的，但在他們「哀其不幸，怒其不爭」時，弱者最終還是淪為別人唾棄的對象。

在公司中肯定存在一些勢單力薄之人，由於他們的自尊心、自信心在歷經了一次次失敗，以及遭受了別人軟刀子的刺痛之後，變得異常脆弱與敏感，使他們在企業中「生存」的空間，只限於他們的辦公桌，甚至更小。無疑的，這對弱者極不公平，也對維持企業中良好人際關係極其不利。

對待這些封閉自己或遭別人冷落的不幸人士，不該以生存的法則清除他們，或是棄他們於不顧，讓他們自生自滅。

「同情」是你正確的態度與立場，也許你覺得這樣做會引起大多數人的非議，然而別忘了，你想建立的企業文化氛圍——不要任何員工有「失意人生」的感覺。

主動地接觸弱者，用心、真誠地關愛，使他體會企業的溫暖，即使微乎其微，但對處於風雪中的人而言，一根火柴也足以慰藉心靈，況且它或許能點燃、引發更多的熱源。

疏而不漏

如何不被屬下矇蔽

不想相爺神目如電，早已明察秋毫，小人再也不敢隱瞞。

——清．石玉崑《三俠五義》第四十二回

◇培養不欺瞞的呈報風氣

「好消息往上傳得快，壞消息永遠達不到上頭」是一般企業的通病，很多實情不易到達上頭，即使傳到了也已經過修飾，如此一來，費盡苦心搜集資訊就毫無意義了。因此有必要將任何壞消息如實往上呈報，培養這種風氣最好的方法是，頂頭上司不論面對什麼消息，都能抱持無動於衷的態度。但不論是誰都很難做到無動於衷，任何人面對好消息，都會滿心歡喜，若是聽到壞消息，則容易變色發怒。結果養成屬下只說好話，盡量粉飾太平的習慣，等到非說不可時，已經太遲無法補救。

管理者要有靜下心聽取實情的雅量，更進一步，若能褒獎如實以報的人，今後不論任何消息都能上達無阻。如此一來，對於任何事件都能從容應變，毫不延遲。總之好聽的話適可而止；逆耳之言據實稟報。

對中階幹部另一個重要的要求，是**教育他們快速報憂**。一般來說，如果不向屬下提出要求，往往會出現會讓管理者高興的好消息迅速上達，而令人惱火的壞消息一再拖延的情況。誰不樂意看到上司笑容滿面呢？然而作為好的管理者，最好與人們正常心理相反，面對好消息頂多說句「表現不錯」，而對壞消息則往往要立即採取行動，同時還要讓其他相關部門知道，以便及時配合，避免造成嚴重後果。

有經驗的人都知道，解決糾紛的緊急行動，速度越快造成的損失越小；速度越慢往往難以收拾，造成經濟、信譽都蒙受損失。正因為如此，越是壞消息越要盡快報告。

不要輕信「報喜不報憂」的話

切記，不要輕信某些員工的好話，不管說得多麼動聽、多麼美麗！「昨天的活動圓滿結束，盛況空前，所有參加的人都希望能有機會再參與。」

管理者若不進一步追問詳情，很可能會被員工所愚弄。

聰明的管理者應該向其他參加者打聽，詢問他們對這次活動的感想，就能得知與員工報告的是否相符合。

即使員工的報告不是完全捏造仍有部分屬實，你也不能全盤接受，這樣會養成他們欺瞞的習慣。無法得知實情的管理者多半都犯了一個毛病，就是愛戴高帽子，這種人多半以自我為中心，常作單方面的自我陶醉，在這類人底下做事，拍馬屁是輕而易舉的事。這類管理者對公司來說不是可喜的現象。

了解實情後再批示

員工常會提出各式各樣的請求，有些不符合事實或不盡合理，如果管理者對這些請求不假思索地一律批准，長久下去，員工就會養成欺上瞞下的不良作風，導致秩序混亂、工作效率低下。

例如，員工有時會找各種理由撒謊請假，對於這種情況，管理者一定要請他們說明真正的理由，再根據情況決定是否准假。又如員工拿了張請款單，你若不確定日期或金額是否有出入，就應該仔細查證後再處理。總之，身為一名管理者應具備基本明辨是非的能力，不可太輕率地相信員工的所有請求。

勿輕信報喜不報憂

一個真正優秀的管理者，在聽取員工的報告之後要做到：

1・冷靜客觀的調查事實，不被美麗的言辭所矇騙。
2・不憑己意，最好採取三人以上的談話結論作為依據。

能做到這樣，才不會因誤信謊言而耽誤正事。

◇鯊魚：危急的問題

危急的問題就像兇猛的鯊魚，一旦處理不當，會造成致命的傷害。例如：

1．員工態度不佳，得罪了重要的供應商。不論原因為何，必須讓他主動找到那位客戶挽救局面。如果能成功地重建關係，就可以從寬發落他，但一定要讓他明白，這種行為是不被容忍的。這位員工若不願正視問題，就要採取較為強硬的措施。先找到客戶，保證僅是意外事件，今後絕不會發生，然後再處理這位員工。

懲處的基本點在於：他是否一直表現良好呢？以後會不會繼續出差錯呢？如果不會再犯，可降薪或調職，如果一再如此就辭退他。

2．員工不聽從指揮。在管理問題上，員工不聽從安排和調遣是一件非常嚴重的事。如果員工認為你讓他做的事不合理，要他解釋清楚。如果他認為你的安排別有居心，而你確信自己一視同仁，就應該開誠布公地討論。如果他只是不喜歡這項工作，也不打算做，你就要和他認真談談了，看他對繼續做這份工作有多大興趣。不聽從指揮和不服從管理者，都要接受包括辭退在內的嚴厲懲罰。

記住，其他員工會在旁默默觀察事情進展，等著看你做什麼樣的決定，如果放著不處理，往後就別想再對誰發號施令了。

大象：嚴重的問題

這類問題就像一頭大象，可能沒有什麼直接的危險，但稍有懈怠或縱容，可能會吃盡苦頭，舉例如下：

某位員工做事沒有條理經常拖延。他說要是有人能幫他，就能如期完成。對此，你只能長嘆一口氣。其實他需要的不是別人的幫忙，而是使自己有條不紊，不要像無頭蒼蠅一樣東碰西撞。但要從哪個地方下手處理呢？那就是你需要花些時間觀察這位員工，與他多聊聊找出問題。

首先，你自己必須有條理，否則你的壞習慣就會傳染給其他員工，包括他在內。如果面對屬下們沒準時完成任務，你常常採取默許、無奈的態度，那問題的根源就出在你身上。

老鼠：雖沒威脅，但是個很討厭的問題

這類問題看似無關緊要，但如果你總是掉以輕心，總有一日造成大患，所以還是花點時間解決吧！如下面的例子：員工不喜歡自己的工作。

某位員工顯然不喜歡新分派的工作，他雖不抱怨，但從他無精打采的樣子可以斷定他寧願做別的事。他對工作的不滿情緒，沒有反映在工作績效上，問題只是像隻老鼠，暫時無關痛癢。

你可能認為員工高興與否是他們自己的事，但幫助他們適應環境或另外指派一項工作，對你有益無害。如果一個員工不喜歡一天八小時的工作，一年兩百多個工作天，就不太可能很有成效。時間長了，工作就會出問題。

員工若對新分配的工作，不能得心應手，務必搞清楚原因何在，如果他根本沒興趣，可以讓他嘗試另一種工作，但他必須盡量將現有工作做好。

◆野狼：千萬不可掉以輕心的問題

這種問題具有隱蔽性，但其潛在的危險絕不容忽視，稍有不慎，極有可能將你生吞活剝，如以下的例子。

員工內部存在嚴重衝突。在這兩種情況下，不能對內部矛盾，掉以輕心：

1. 員工受到了不公平待遇或感到不公平。
2. 員工強烈不滿，覺得他們在做毫無意義的事，沒有前途。

若是第一種情況，要找出不公平的根源。是制度造成的嗎？如工作分配、薪資調整、升職等方面有問題，還是管理上出了問題呢？

然後讓員工了解規章制度，讓他們知道過去，你是如何應用這些制度的。如果沒有相應的規章制度，就應該針對容易產生衝突的問題制訂一套處理原則。一旦員工了解了你的準則，他們的不滿多半會平息。

如果不公正的情況是管理者個人造成的，就應當盡快調整偏私的立場，否則對員工的士氣和生產力有很大影響。

如果內部衝突的原因是員工對工作不滿，就應設法改變工作的方式，使其更有意義，或讓能力較強的員工有更多晉升機會。

若即若離

與屬下保持適當的距離

子曰：「臨之以莊則敬，孝慈則忠，舉善而教不能，則勸。」

——《論語．為政篇》

管理者不要和屬下過分親近，要保持一定的距離，才能獲得尊敬及建立威信。

1．可以避免屬下之間的嫉妒和緊張。如果管理者與某些屬下過分親近，勢必在部屬之間引起嫉妒、緊張的情緒，造成不安的因素。

2．保持一定的距離。可減少屬下對自己的恭維、奉承、送禮、行賄等行為。

3．若過分親近，可能使管理者無法公正看待自己所喜歡的屬下，影響用人原則。

4．可以樹立並維護管理者的威信，因為「近則庸，疏則威」。

管理者要善於掌握與屬下之間的遠近親疏，使自己的職權得以充分發揮應有作用。

◇有點疏離最好，不必稱兄道弟

有些管理者，想把所有的屬下團結成一家人似的，這個想法很可笑。即使每一個屬下都與你親如手足、朋友，但是你既然是管理者，你與他們之間還有一層從屬關係，當公司利益與屬下利益發生衝突、矛盾時，你又該如何處理呢？

因此，與屬下建立過於親近的關係，並不利於你的工作，反而會帶來許多不易解決的難題。當你做出某項決定要透過屬下貫徹執行時，恰巧這個屬下與你平常交情甚厚，不分彼此。他若是一個通情達理的人，為了支持你會放棄自己的利益，而執行你的決策。但是，如果他不曉事理，就會依靠他與你之間的關係，請你收回成命，無論怎麼做都會引起非議。所以，請記住這句話：「有點疏離最好，不必稱兄道弟。」

◆言行要注意身分和場合

有時為了工作的需要，避免不了必須參加應酬性的場合。在與客戶的交往中，為了縮短彼此的距離，聚餐便派上用場。有時為使管理者和屬下的關係更加密切，私下的聚會是不可少的。例如員工為公司作出傑出貢獻時，為了給予表彰和鼓勵，可以擺一桌慶功宴激勵士氣。聚餐的氣氛與工作環境大相逕庭，因此餐桌上的談話也有別於工作上的言談，此時的從屬關係不那麼明顯，席間的對話要符合當時的氣氛，否則便不能稱為是一位合格的管理者。

管理者在餐桌上不要隨便發表議論，要放下主管的架子，消除距離感，多聽他人的意見，盡量不要破壞氣氛。

一個成功的管理者，在任何時候都能和員工打成一片，而又不失身分。聚餐上氣氛活躍，管理者不但可以和員工同樂，而且還可以藉著向員工敬酒的機會，對他們的工作給予肯定、稱讚及鼓勵。

在這種氣氛中，也可以和員工聊一些輕鬆自在的話題，如一場眾所周知的球賽，有共同的興趣就能消除隔閡，增加對管理者的好感。這樣一來，聚餐便成了管理者收攏人心的好場所。成功的管理者，在任何場合下都要能自然發揮、表現出色。

領導，帶人更要帶心

你上一季表現很好，這幾個
月希望繼續保持下去……

管理者可與屬下友好相處，但必須保持一定的距離，不然員工就不會勤奮工作，而把心思放在迎合上司好惡。

管理者與屬下過分親密，常會暴露自己隨便的一面，不知不覺失去尊嚴和威信。如果遇到問題，又礙於私交下不了手，只會苦了自己。

切記：君子之交淡如水，距離本身就是一種美。

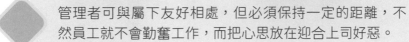

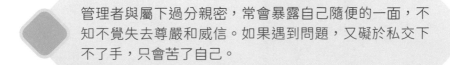

◇不能有親疏厚薄之別

對員工一視同仁，是管理者與員工接觸時的一項重要原則。所有的員工都希望自己和管理者打好關係，希望得到主管的賞識。

這種期望心態，成為管理原則裡一個十分敏感的問題。

管理者對部分員工「親」，必然會出現對其他員工「疏」。這種親疏之別，會對員工造成負面影響。輕者，心理不平衡；重者，會造成管理者在他們心目中形象與威信全無。

因此，管理者與員工近距離接觸，最忌親疏有別。如何避免這種情況呢？

1．論公事，不論私交。管理者在工作中應該只談公事，不能論私交。因為私交必定有親有疏、有遠有近，管理者如果對私交較好的「親」，必然會出現對其他員工的「疏」。同時一部分素質較差的「朋友」也會以私交較深的理由，向你要職務、要獎金，這將會為工作帶來無窮的麻煩，一旦你滿足了他們的要求，威信將掃地，人心也將渙散。

2．隨機選擇談話人選，這樣可以避免人們議論你過分接近私交較深者。

3．盡量不要疏遠基層員工。

放下主管的架子，消除距離感

這是每天不間斷練習的成果……
你上週的馬拉松成功完賽，真了不起！

保持一點神祕感

管理者與工作無關的私人交往，最好在自己家中進行，而不宜在辦公室密談。管理者的住家最好與公司距離遠一點，雖然每天要通勤，但卻可以有效地把公事、私事分開來。管理者在與自己的親友往來時留的地址，應該是家中住址和電話，而不是辦公室。

不可把過多的私人關係帶到辦公室。重要的私人關係不宜向員工、同事透露。如果管理者的親人、朋友頻繁地出入辦公室，會造成公司其他人的不信任。身為主管以身作則，不要把過多的私人物品，帶到辦公室，應管好自己的私人用品。因為心思較細密的員工，不僅會觀察跟你來往的人，也會觀察你的日常用品來判斷管理者的行為。

◆學會與難搞的屬下相處

管理者必須清楚，誰都不會輕易接受難搞的屬下。若發現組織中有這樣的人，就要考慮如何任用他們，如何督促他們積極工作。如果無視他們的存在，就可能出現浪費人才的現象。管理者不能壓制這種人，而是要懂得與他們保持一定的心理距離。所謂的心理距離可以用「刺蝟理論」來做比喻，刺蝟渾身長滿針一樣的毛，冬天來臨時，把幾隻刺蝟放在一起，就會發現牠們相互依偎取暖，但是仔細觀察，又會看到牠們若靠得太近，會彼此刺傷對方，離得太遠又感到寒冷。因此，要保持既不刺痛對方、又不感到寒冷的距離。

人的心理距離和刺蝟之間的距離有些相似，在團體中彼此間的對立意識也是同樣的道理。**對立意識就如同尖銳的刺，若沒保持一定的距離，就會刺痛對方。**人們應當在工作的大前提前，保持彼此互不傷害的距離，共同前進，這樣就能維持整體運作的協調一致。身為管理者，尤其應掌握此一原則。

領導者的修練

第 17 計

用人以威

如何樹立管理者的權威

民畏其威，而懷其德，莫能勿從。

——《國語．晉語》

管理者要樹立個人威信

個人威信可以影響周遭的人群、環境和條件，它能使別人相信當事者的言行，進而依照他的意志辦事。

個人威信與個人特質緊密相連，人格、能力、經驗及資訊都是構成個人威信不可少的因素。成功者總是能利用任何機會和場合增加個人威信，他們知道不具威信不能影響別人的人，是永遠不能贏得別人信賴的。得不到別人信賴的人，絕不可能把事情辦的好。

如果管理者空有頭銜，雖然屬下們表現的虛心應承，背後卻違背管理者的意志，將可以想像會是怎

管理者要樹立個人威信

有威信的管理者，盡量不要事必躬親，親自動手的管理者，往往把自己困在被管理者的地位。盡量將工作分配給屬下去執行，這樣做有以下優點：

1. 防止管理者自己有盲點。
2. 避免管理者自己犯具體錯誤，進而損害自己的威信。
3. 提升自己地位，做好指揮的角色。

樣的情況。管理者應該樹立威信「說一不二」，即使出現混亂有大的波動，服從命令總比大家吵成一團更能解決問題。

◆集權管理也可能會成功

一個企業既要防止過於死板的管理模式，也要杜絕放任自流、分崩離析的局面，關鍵在於掌握分權與集權的藝術。殘酷的競爭迫使企業為了生存而集中權力，尤其是創業時期、規模較小的情況下，分權既非必要，也不可能。

舉例來說，某麵粉廠想要採用新技術提高庫存量。一旦成功，能提高百分之四十庫房利用率，但是這個措施遭到庫房人員的反對，他們提出許多理由反駁。廠長認為這是成熟的技術，已經有許多成功的經驗，於是嚴格要求同仁們必須執行。結果採用新技術獲得成功，同仁們的反對意見消除了，這即是一個集權的成功例子。成功的原因主要如下：

1. 該廠規模小，廠長下達命令，可以立竿見影，權威的作用得以發揮。如果這位廠長不敢果斷行使權力，就會使一項合理的技術方案夭折。
2. 一般的基層人員水準普遍不高，他們受限於知識程度及一些非智力因素，如膽量、勇氣等，意見往往不夠正確，需要廠長加以管理、指揮。
3. 從行業特點來看，麵粉廠裡大多從事體力勞動，沒有多大的技術難度和創新要求，工作人員只要服從命令就可以達到目標。
4. 廠長很有把握成功，而且領導統馭能力高，受外界因素影響較小。

敢於說「不」，堅持立場說「不」，是有風險的，要付出代價，但有時這麼做所帶來的收益要遠大於代價！企業的人際關係應當是健康向上的人際結構，而非將原則當犧牲品的庸俗關係。

的確，你希望所有的決定都能順乎「人心」，但必須意識到這種決策方式並不是出於合理化的考慮，而是出於對自身利益的考量，這時企業的人際關係是「失之毫釐，差之千里」的影響。

你必須敢對員工說不，這不僅意味你的尊嚴，還體現公司的一貫原則與處事風格。每個人都會在這樣的原則約束下，使彼此的關係更加親密與健康。

管理者若僅把知識或道理傳達給對方，這稱不上「教導」。因為如果只是以道理或社會經驗教訓屬下，只會引起反抗及辯解，未必能達到預期的效果。在管理中根據情況需要，有時仍必須以強制的手段如此告訴屬下：「我們有我們自己的一套。」

道理並不是十全十美的，也不是凡事都可以用道理說服他人，尤其是當學習者對某種說法有疑問時，必想找出漏洞予以反駁，甚至於舉出一大堆理由。在此情況下，站在各持充分理由的立場相抗衡時，如果你承認自己的道理有破綻，必使對方占上風。

如果在事後才說明道理則為時已晚，此時對方必然能夠提出更具體的理由，支援自己的論調，如此一來，事態就更不可收拾了。在工作場所中，上司務必要確立立場。

◆平衡「民主」與「權威」

企業是否應該採取民主制度，以大家的意願行事呢？不是。企業屬於管理者個人的資產，企業主開創企業，就是企業的頭腦和靈魂，企業主的性格、才能、人生態度等，都反映在企業的營運方針上。

你不必當一個獨裁者，但卻不一定要在企業施行民主制度。

企業的資金來自企業主，需要對企業的盈虧負全責，因此，企業中不流行民主這一套，員工不知道該如何營運，唯有企業主知道。你可以在遇到問題時，詢問他們的意見，但你是唯一的負責人，聽取員工的意見後該如何取捨，那是你的職責。

當然，每一個人都想做主，但員工始終是員工，他們對企業的責任遠不如你。他們不開心可以立即辭職，但你卻要和企業共存亡，企業是你的心血，也是你未來發展的關鍵。所以，不僅要有管理者的權威，也應適時參酌員工的意見。

◆誤以高明為威信

一個出色的管理者必然有其過人之處，有人認為管理者為樹立威信，要時時顯得比員工高明，其實沒必要這麼做。

某廠長到工廠巡視，指出一位車工技術粗糙，該員工有點不服氣，廠長二話不說親自示範，果然做得又快又好，一時圍觀者為之嘆服。到此為止，廠長以行動樹立威信的範例，但該廠長得意忘形犯了一個錯誤，竟說：「技術不比你強，我敢當廠長嗎？只要誰的技術比我好，我馬上拱手讓位。」

他把威信理解為輕狂了，這種狂傲反倒給人一種極端沒自信的感覺，顯然他並沒有對自己身為一廠之長的身分和存在價值有清楚的認識，而是把自己降為一個和員工比技術的角色。

據說後來真有好事者要和廠長比技術，廠長自知失言，並未硬戰，但此事已在當地傳為笑談。

樹立威信的十大準則

1. 發布簡短、明確的命令，要求員工遵守無誤。

2. 對於無法接受的員工，立即且堅定地做出適當回應，並再一次下達命令，要求改正。

3. 公私分明，自己的私生活不帶到工作中，也不過問屬下的私生活，除非和工作有關。

4. 以平和的態度接受成功，但是表現出你所期待的成功是在你要求的工作能順利進行之下才能成真，把成功歸於命令被確實執行。

5. 以比平常略為緩慢的速度清晰提問，並等候回答。

6. 當你和別人說話時，不要直視他們的眼睛，而是看著他們前額的中央。如果你轉移了視線，通常就是讓步的第一個跡象。

7. 事先準備好結束談話的收尾，明確示意談話結束，免得顯出笨拙的樣子。

8. 不要強迫別人立即行動，大部分人會感受到壓迫，員工需要時間整理思緒，最好讓人有緩衝期。

9. 不要期待在你採取強硬手段後，交到任何朋友，也不要試圖除掉任何人。

10. 當你出錯時不要承認是個人錯誤。例如不要說：「我錯了」而是說：「事情可以處理得更好。」

請記住，不要為了順乎人心而淡化主管的身分，必須要隨時保持威嚴。

顧後瞻前

如何因應員工跳槽

瞻前而顧後兮，相觀民之計極。

——屈原〈離騷〉

注意員工的去留

跳槽，是商業社會常有的事，如果有人從一而終地，在一家公司任職二十年以上，頗值得欽佩。當然，批評這類人不思進取也大有人在。

在你的部屬裡，抱著「騎驢找馬」的心態暫時棲身者可能為數不少，然而很不幸的是，你看不出他們有二心，還委以重任、加以提拔。這本來可以安撫人心，使他們打消跳槽的念頭，可惜他周圍的朋友並不欣賞他的成就，導致他不得不看準其他機會，良禽擇木而去。

例如一位大學生從知名大學新聞系畢業，志在報社當新聞記者、編輯，但偏偏任職八卦雜誌，儘管擔任採訪編輯，身邊的同學多番訕笑，必然不會做得長久。

員工如果大量流失，你有檢討過公司本身的制度、人事、工作量、薪酬等，是否合理嗎？別再老是指責員工好高騖遠，把流失率推到員工身上，要知道大量的員工離去，必然有著無可留戀的因素。或許你早已了解癥結點所在，只是未能一一解決。事實上，多一分遲疑，企業便多一分損失。

如何應對得力助手跳槽

人們有選擇的自由，何處對他發展有利、待遇優厚就往那裡去，這無可厚非，也沒有理由加以阻攔，所以當今的管理者都應認真看待人才的流動問題，特別是自己的得力助手要跳槽時，更應該正視原因。

「三十年河東，三十年河西」，人才流動亦是如此，他今天離你而去投奔他人門下，幾年之後，可能又棄那人而效忠於你。大家共事一場，沒有交情也有緣分，要跳槽就成全並祝福他。

也許員工在盛情難卻的挽留下，會留下來再工作一陣子，但當管理者許下的承諾或條件得不到兌現時，員工還是會離去。再說，有些員工謀求的新工作可能更適合自己的發展，實現理想，如果因惜才而不讓他走，反而誤了他的前程。世事無常，遇到任何不如意的事，管理者都應坦然面對。得力的助手跳槽時，問明跳槽的原因，以及新工作的性質及前途，並對他提出真誠的祝福即可。

人才流失的原因

1. 個人的要求無法滿足

雖然人的欲望很難有所止境，但階段性卻很強。在某一階段的欲望通常是具體而有限，如果連這種具體而有限的期望都無法滿足，自然會見異思遷。

2. 志趣不合

人是最複雜的動物，個人的性情、愛好等存在著極大差異，而且不斷變化。當某個人所處的環境令自己感到不自在時，自然會想辦法尋找新的環境。

3. 認為自身才能沒有發揮的機會

作為人才多少都有些獨到的優勢，也期望某種程度的自我實現，如果公司不能提供這種機會，他當然不會久留。

4. 討厭上司

可能會因為個性、價值觀等格格不入，員工特別憎惡上司，認為在他手下做事簡直是受罪，最好一走了之。

5. 自認受到不公平對待

如果某人認為自己長時間得到不公平對待，自然萌發跳槽的念頭。

留意員工自立門戶的念頭

很多有抱負的員工不甘心長期做上班族，工作到某一個階段就會萌發自立門戶的念頭，或許他會從公司帶走不少客戶，也帶走了你的心血。別沮喪，也別指責他「忘恩負義」，作為一個年輕人，有理想、勇氣和幹勁，自立門戶是天經地義的事，不值得大驚小怪。

無可否認，他要有一定的才幹方能實現理想。創業之初他必然會遇到重重困難，告訴他，可以隨時回來請教你，並鼓勵他凡事不要氣餒，如果發現自己尚未能站穩腳跟，自立門戶尚嫌太早，歡迎回公司任職。

不過，別再對這種人委以重任，安排一些例行工作給他即可，因為他勢必會捲土重來，再度創業。除非你非常欣賞他的才幹和為人，並認為他是值得信任的人，可以考慮和他新創事業，否則以整體的利益思考，別再重用他。

員工跳槽前的信號

員工跳槽前常有一些跡象：

1．頻繁請假：如果這個人一向遵守紀律從不輕易請假，突然開始頻繁請假，恐怕就要留意此人是否準備跳槽。請假無非是去應徵或前往新企業交接，還可能處理私事。既然準備跳槽，就不用像以往那樣積極求表現了。

2．對工作熱情明顯減少：和以往相比，幹勁和效益大打折扣，雖然許多人心裡也告誡自己「當一天和尚敲一天鐘」，實際上已心不在焉了。

3．開始整理文件和私人物品：辦公桌前所未有的混亂或整潔，並陸續將私人物品分批拿回家，到時輕鬆地一走了之。

4．和周圍人的關係有所改變：愛拍管理者馬屁的人，突然表現「自重」，喜歡傳閒話、打小報告的人開始「自律」，絕不是這些人懂得做人，而是他們馬上要離開這裡，用不著再讓自己受委屈。在接電話時，言談已開始曖昧甚至神神祕祕。諸如此類的改變都說明此人已「身在曹營心在漢」了，只等發薪後就準備打包走人。

但是，即使以上種種關於跳槽跡象的猜測是正確的，也確實有人要跳槽，又能如何呢？頂多嚴加注意此人在業務方面會遺留下什麼問題，作為管理者的你也應對準備跳槽的人有所防備，及早預備好接替人手，並從這件事總結經驗和教訓。

◆除了加薪，還有別的高招

人才是企業的重要資產，尤其是自己一手訓練出來的管理人才或專業人員，一旦產生異心，如何挽留呢？除加薪外，有什麼方法嗎？

員工離職，不外為名、為利、為爭口氣。為名者，希望職位、頭銜能提升，管理者要仔細審察職位結構，提高該員工的職銜，又不用牽一髮而動全身；為利者，一切向錢看，可以增加其他的額外福利，如職務津貼，一來可以讓員工的收入增加，二來可避免大幅加薪；爭口氣者，則不滿不公平對待，跳槽是為了證明能力，管理者一定要弄清楚人事問題背後的原因，不妨將他調往其他部門，繼續為公司效力。

除上述方法之外，還可以透過一些方法提高員工的歸屬感。例如：1．提供良好的工作環境。2．制訂利潤分享計劃。3．享有選購公司產品的折扣價及優先權。4．盡量採用內部升遷，使得人人都有晉升的機會。5．在特殊節日裡分發一定價值的禮物。

◆如何因應員工紛紛離職

每逢年關，也是各大企業大換血之時，多數人拿了年終獎金就準備跳槽。員工跳槽的原因很多，而且無法避免。但如果你發現在同一時間有大量員工離職，便要仔細找出原因所在。

大量員工突然辭職的原因與因應之道：

1. 公司內部有不利的傳言四散。管理者先要找出謠言的源頭，加以堵塞。譬如會計部某職員發覺企業虧損嚴重，四處通知同事另謀出路等。制止傳言後，應立即向員工說明實際情況，如：去年業績雖然不好，但對未來仍有信心，而且企業資金充裕，不會裁員等，以安撫人心。
2. 某部門主管拉攏下屬跳槽。對於重要的主管離職，應要求他在一定時間內不拉企業的客戶或員工跳槽，以保證公司能繼續正常運作。
3. 公司內有劇烈的派系鬥爭。一定要招見派系的意見領袖，嚴加斥責，並重申如情況不得到改善，一定將各派帶頭者撤職。
4. 某主管工作不力，使得屬下紛紛辭職。若主管辦事不力、行事不公，可以撤換他，一來平息眾怒，二來反映公司知人善任，對公司內的每一環節都十分清楚。

創造就業機會，用心栽培新人

公司員工常有不同雇用型態者，例如約聘、打工、實習生等。有些職位可先從這些人之中挑選並加以訓練，再轉正職工作。所以一開始就必須對他們一視同仁，不可有差別之心，並確實做好溝通，就像正職員工一樣。

第三篇

育才

點燃工作熱情
提升能力

情感投資

讓員工找到家的感覺

因為當時那元主，要籠絡人心，訪求宋朝遺逸，中外韃官和一班反顏事敵的宋朝舊臣，都交章保薦謝枋得。

——清・吳趼人《痛史》第二十回

◇讓公司成為處處溫暖的幸福企業

某間公司的全體員工個個笑容可掬、親切自然，上下班時也會與大樓管理員寒暄問好。這家公司沒有明確的管理制度，只因為管理者通常很早到辦公室，只要有員工先到，他必會向員工微笑說：「早！」下班前，由於管理者必須提前下班到工廠，也會跟大家客氣打招呼：「我先走了！」平常對待員工沒有任何特殊辭令，也沒有管理者的架子。

該公司很少有人遲到、早退，都是在沒有精神壓力之下，自動自發地完成工作。該企業有四十多人，工廠有兩百多人，問員工對管理者有什麼看法，他們說：「我們只知道公司對我們很好。」很多待過別家大企業的員工來到這家公司後，都沒有想要換公司的念頭。

我們相信該公司員工的家庭一定比別人幸福，因為工作場所的氣氛會延續到家庭，有很多大企業也許會認為員工太多、良莠不齊，非得以嚴格的制度管理，否則無法提高工作效率，其實如果制度大多是備而不用，且每個員工都沒有心存「我只要遵守規定就好」的念頭，而是對公司有發自內心的認同感、參與感，相信公司的經營一定更有競爭力，員工也工作得更有意義。

因此，無論你是大企業還是小企業的管理者，如果希望企業運作不是一個冰冷的制度框架，而是充滿溫暖的幸福企業，你的「親為表率」將發揮關鍵作用。

◆與員工同樂

對於「**如何處理好與員工的關係**」這個問題，許多人都只簡單地回答：「溫和相待」、「適時獎勵」，缺乏具體的執行方式。其實除了在工作時間對員工進行適當的鼓勵和表揚外，最能令員工感動的方式，無非是管理者能以自身獨到的方法，表達對他們的尊重和信任。例如：每月放一兩天旅遊假，把獎勵穿插在熱烈融洽的娛樂活動中，效果是發獎金、拍肩膀進行口頭鼓勵所不能比擬的。

這種「節日」可以定在每月底，也可以選在某個員工的生日或結婚紀念日。獎勵的辦法很多，例如：請大家上餐館、送給每位員工一樣紀念品，或送生日蛋糕等，都可以增進你和員工之間的感情，讓員工產生被肯定的歸屬感和自豪感，久而久之，員工自會把工作看成是份內事。

協調好企業內的人際關係

如果一間公司內的人際關係極為冷漠，員工就會感到單調乏味，工作積極性難以提高，所以如何激發員工的熱情，如何協調人際關係，是企業主不可忽視的問題。

如何增進內部良好的人際關係呢？事實上，關懷員工的方法很多，舉一個實例：在打卡鐘旁邊，將當天生日的員工名單列出，在旁邊寫上：「今日的壽星有……，請給他們祝福。」另外吩咐總務購買花束和賀卡給壽星，在不影響工作的前提之下，管理者親自到壽星身邊祝賀生日快樂，詢問家人近況，並希望他們提出對公司的建議，這些關懷往往會使得員工受寵若驚，不失為一種極佳的感情溝通方式。

不要吝嗇讚美

公司不僅是由一天到晚忙於事務的同事組成，事實上他們的家人也在其間，儘管家屬不參與具體的事務，但他們的態度和言行會影響屬下在公司的表現，家屬對公司的印象也會影響管理者與屬下的關係。因此，不僅要與在「同一陣線」的人搞好關係，也要注意和他們家人之間的交流，尤其是與你關係密切的共事者。

與員工家屬增進交流的辦法主要表現在一些細節上。例如：平日與員工交流時，可以在談話之間記下其家庭成員的狀況，並適時表現一下。如「今天是令千金生日吧！」、「你兒子今年要進小學了嗎？」。諸如這般親切而細心的話題，絕對有助於營造溫馨的氣氛，使彼此的談話更投契。

當對方興致勃勃取出家人照片時，不要吝嗇你的讚美，諸如「可愛」、「漂亮」等用詞，會讓對方倍感高興。

◆關懷員工，重視員工

據說某位專職訓練馬拉松選手的教練，為了照顧選手，不惜以自己每個月的津貼貼補選手們的花費。不僅如此，隊員食量驚人的伙食費也由他自己掏腰包供應，此外還將自營工藝店的大部分收入及演講費等，投資在選手身上。

就此情形看來，與其說他們是師徒關係，不如說是站在同一條陣線上、為了同一目標而努力的夥伴。在這些選手心目中，教練不但是他們的夥伴也是盟友。

若要每一位上司都像這位教練般照顧屬下，確實不太可能，然而管理者做出某方面的犧牲，將有助於達到此效果。

為了由衷表現重視屬下的態度，身為上司者雖不必像這位教練，供應選手們的伙食，但至少應該偶爾和屬下聚餐，以示慰勞。值得注意的是，當上司請屬下吃飯時，切忌存有「我請你們吃飯，你們就該認真工作」的想法，否則必然產生反效果。**唯有排除自私的心理，才可獲得屬下絕對的信賴。**

在充滿明爭暗鬥的職場中，某些情況，可利用讚美來表達關懷，不但能提高工作效率，更能為單調的工作，帶來人情味。

◆讓工作變得有趣

人們應當享受工作，如果不能從工作中獲得樂趣，可以考慮辭職，去做自己真正喜歡的工作。

心情愉悅的員工工作效率高，因為他們感到工作環境舒適，願意長時間在這樣的環境裡工作。管理者所面臨的挑戰在於如何創造並維持這樣一個環境，讓身處其中的人樂於工作，樂於成為公司的一份子。

激發員工的幸福感，全方位用心關懷每一位員工

在充滿明爭暗鬥的職場中，讚美是件多麼溫馨的事！不但能提高工作效率，更能為單調的工作帶來人情味。

雖然不能把工作環境變成喜劇劇場，也應當讓工作充滿樂趣。如：舉行慶功宴或生日會，偶爾做點「傻事」搞笑，請大家吃披薩，在熱天為大家買霜淇淋。這些事積累起來，就會創造員工積極的態度，增加工作樂趣。

◆需要加班應提早通知

員工工作了一整天後，下了班也許有自己的計劃，如果沒有什麼重要的事，也期待下班後能放鬆一下，當上司突然告知要加班，會把他原有的計劃打亂，但是如果事先收到通知，多數人會選擇留下來多工作幾個小時，而不會感到受干擾。

很多員工會在正常工作時間內努力工作，不喜歡在未事先計劃好的情況下，改變工作時間長短，這些人不喜歡突發狀況，排斥突如其來的加班要求。他們也許一時會接受加班要求，但可能效率不佳或心不在焉，或抱怨管理階層缺乏規劃和組織能力。

管理者要規劃好自己和員工的工作，以避免或盡量減少加班，如此不但可以減少成本，也能管理好工作進度，如果工作時間已超過每周標準工時的標準，應盡可能不要再安排加班了。

若確實需要延長工作時間，必須要提前安排。在最後一刻向員工說：「你們今晚留下來加班」只有在特殊情況下才能用，不能每次都這樣。

你越是提前通知員工，他們就越感激你的體貼，也許會更積極支援你的要求。提前做好規劃，也顯示出你有計劃、有效率的管理風範，增加員工對你的忠誠和尊重。

你們今晚留下來加班。

未提前通知，強迫屬下接受要求，是不良的管理方式。

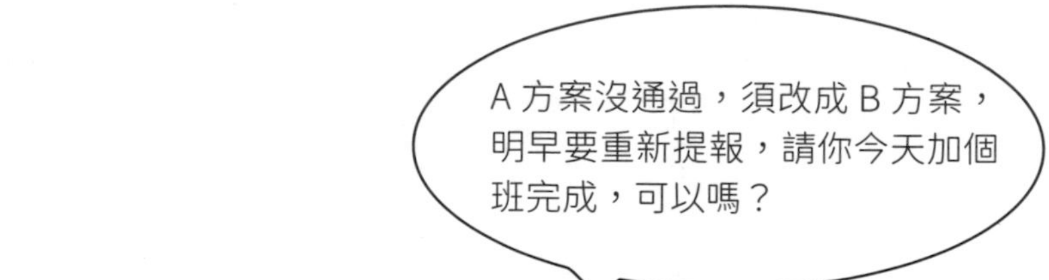
A 方案沒通過，須改成 B 方案，明早要重新提報，請你今天加個班完成，可以嗎？
今天可以配合

越早通知屬下，他們就越感激你的體貼，也許會更積極支援你的要求。

◆經常到工作現場走走

為了提高大多數員工的積極性，需要將他們工作的內在價值挖掘出來。管理者應時常鼓勵員工，並且從中發現小成就予以表揚，這是非常重要的。不論是什麼樣的人，都要發現他的長處並親近他。於此，員工的積極性會提高，也能在挑戰中成長。

噓寒問暖

如何留住員工的心

臣竊念主憂臣辱，義不得辭，跼蹐受命，退而差辟官吏、條列事目、調遣將士，凡所以為速發之計者，靡微不周。

——宋．魏了翁〈辭免督視軍馬乞以參贊軍事從丞相行奏札〉

◆適時調整工作量

作為管理者，當你看到屬下獨自加班到深夜時，你會如何表示？也許，只說一句：「加油！」就能讓屬下感到極大的安慰和鼓勵。視時間和場合不同，有時讓他暫時休息一下，可能會產生更好的效果。一般而言，既努力工作又懂得玩樂的人，因為善於將工作及休息做適當的安排和調整，必是精明幹練之人。

充滿幹勁、努力工作固然難能可貴，但不能太過執著。因為當人們執著某事時，就會感到身不由己，對事物的觀點變得封閉，若能在工作之外盡情遊玩，便可恢復以新奇眼光觀察身邊事物的靈活心態。

對於工作閱歷較淺的屬下而言，與其說是不善於轉換心境，不如說是不善於把握此種轉變的動機。當工作陷於僵局時，越是想以固執的幹勁予以克服，對於事物的觀點往往越是侷限、狹隘，結果使成效大打折扣。

主管目睹此種狀態時，不妨利用適當的時機轉換其心境，這也是管理者的職責。所謂轉換心境，就是讓屬下休息一下。如此一來，當他重回原來的工作時，必然可以透過不同的角度找到解決問題的辦法。

◆掌握員工的心理狀態

某企業的總經理曾說：「我始終採取與一般人不同的觀念管理企業，所以才能有今天的成就。例如，我們所成長的大環境，都強調不要看別人的臉色生活，但我卻總是注意屬下的臉色及表情。當然這不是迎合他們，而是為了掌握他們當天的心理狀況，以便輕易地找出配合他們當天心情的指導方法。」

的確，身為上司若能掌握屬下的心理狀況，如：對方是否集中精神、是否心存疑慮、是否焦躁不安等。針對他們的狀況分派工作，自然事半功倍。

若要了解屬下的心理狀況，最確實而有效的方法，無疑是察顏觀色。一個人即使企圖隱藏自己的喜怒哀樂，仍無法避免形之於色，許多訊息從眼神及小動作可以觀察的出來。

因此，許多成功的管理者本身便善於察顏觀色，有時他們從一個人的步態即可觀察、判斷對方在想什麼，這種擅於洞悉心理狀況的能力，甚至高於某些只限於理論、凡事一知半解的心理學家。

具體做法是在早上碰面時，經由對方問候的語調、臉上的表情及身體的動作等，掌握他們當天的心理狀態，然後擬定應對的方法。這樣做，比固定的方式有效得多。

支持資深的員工

管理者對資深員工的支持，是激勵資深員工工作熱情的重要途徑。對資深員工要充分授權，讓他們獨立行使職權，不要過度干涉。

要為資深員工排憂解難。他們雖然有較強的能力、較豐富的工作經驗，在工作中也難保不會遇到困難。對此，管理者不能袖手旁觀，應該予以支援，協助資深員工在工作失誤時，做好彌補工作。

當失誤出現，管理者應分析癥結所在，找出改正的途徑和辦法。年輕的管理者對資深員工要體貼入微，資深員工有較強的自尊心，不願在管理者面前提到自己遭遇到什麼困難，因此管理者要注意和他們相處的過程，了解其需求，在力所能及的情況下，幫其所需，解其所難。

安排適當的公司地點

要盡最大可能，把公司安置在從工作性質和地理位置來看都比較適合的環境。在做此這個決策時，可以考慮讓員工也一起參與。僅管市區對許多企業都是比較適合的，但越來越多的雇主選擇將公司坐落在郊區或一些偏遠的小城市中。如果大部分工作內容是透過遠端或其他高科技通訊設備完成，應考量是否必要占據租金昂貴的市中心。

員工在塞車的尖峰時刻耗費精力，使他們在到達工作地點前就先受到一定的負面影響。上下班的過程耗費了大量的個人時間，上班時有意無意地擔心回家路上是否有塞車的麻煩等，這些情況都會降低工作效率。

縮短員工的交通通勤時間，反倒讓員工偶爾可配合加班，例如星期五需要晚下班一小時來整合當週的業務報告，以彌補平日匯整工作的不足。假如會有機會遇到這樣的情況，即可考慮把一部分員工安排在更便利到達的位置。

◆重視工作環境的設計

新的企業應有一番新氣象，工作環境就是這份氣象的表徵，既然開業了，就應在資金許可的範圍內，盡量為自己和員工提供一個適合的環境。為了自己，你不必懂得看風水，但應從生態環境學的立場，考慮企業所在的位置是不是適合。

影響工作效率的不一定是人和事的問題，環境亦有重大影響。辦公室是工作的地方，如果設計有問題，造成許多不便，就會讓員工感到麻煩，失去工作的熱誠。

員工的工作環境必須舒適和方便，辦公室要有一定的規格。員工各占一個座位，座位和座位之間留有一些空間，避免員工離開座位時碰撞其他專心工作同事，削弱了工作效率。

規劃有吸引力的工作環境，必能激勵員工的工作情緒，使之更愉快舒暢地工作。

靈活安排工作時間

由於家庭和個人的需要，員工有時對於遵守制式的上下班時間可能有困難。為了留住人才，管理者可以體察個人的需要並盡力調整。作為管理者，有許多選

好的工作環境有助於管理團隊，不要讓屬下整天待在辦公室埋頭苦幹，最好給予適當的休息空間，使之感到心情愉悅，工作生產力必能提升。

擇方式，思考一下怎樣對員工和企業最有利，努力找出兩全其美的辦法。

彈性工時就是選擇之一，提供員工自由選擇工作時間的權力，只要他們每天做滿法定的工作時數即可。有許多變通方法，但最基本的還是制定規範，讓員工在規範下選擇工作時間。如果一般工作時間是上午八點到下午五點，員工可以安排在上午七點到下午四點，或上午十一點到下午八點，只要符合法定的工作時間即可。

並非所有的工作都可以賦予員工如此彈性的工作時間安排，在建立彈性工時計劃前，要制定明確的指導綱要。可以試行一段時間，效果若不好就立即終止。

考量到員工照顧孩子的需要，允許他們調整工作時間。許多職業婦女希望在孩子上學後再開始工作，在孩子放學前早一步回到家中，其實許多工作職位可以做這種彈性安排。

越來越多的雇主允許員工在家中完成部分或全部工作，隨著技術的發展，已經可以利用遠端或是視訊會議等，使彈性的工作安排成為趨勢。

彈性工作時間指員工可自由選擇上下班時間，但仍需要達到規定之每日工時。

用人以信

用信任的態度對待員工

然後天下之君，下堂去席，引手倒耳，以傾就其說而謀聽計行。

——宋．王令〈讀《孟子》〉

◈要充分相信員工

管理者必須充分信任員工，否則就等於放棄管理者權力。員工如果察覺上級不信任自己，就不會認真執行命令，如果管理者對員工的言行有所懷疑，員工會很敏感地察覺到，他們就會對器量狹小的上級感到失望，甚至表示輕蔑。

管理者應相信員工的能力，才能使工作順利進展。明智的管理者絕不能因為員工犯了一兩次錯誤，就失去對他們的信任，只有信任才能使員工更忠誠、更努力。

對一個企業來說，高階主管只需做出重大決策，其他都可以交由員工決定。無論中階主管或基層員工，同樣有參與決定的權力。換言之，要信任員工，授予他們做選擇的權力。

寬容能使員工產生幹勁

管理者對工作越有自信，工作能力越好，就越能清楚地發現員工的缺點和不足之處，而且很容易提出嚴格的要求。你應該清楚每位員工的能力以及適才適所的原則，不能總是用自己的工作水準和能力來衡量和要求員工。

作為管理者，既要對員工的管理要嚴格要求，有時也要懂得寬容，才能使員工產生幹勁。一定要注意，不能總是苛求責備員工，而要以身作則，努力做到嚴於律己、寬以待人。

在各種管理者中，有一種上下階層都覺得不好應付的人，那就是從基層做起，努力爬上管理者位置的人。

他們從最基層耕耘，苦幹實幹才得到提拔，因此，容易特別自信、頑固、獨斷，而且最大的缺點就是：企圖掌管一切，事必躬親。如果工作不如他們預期，就非常不安心。

因此，即使他們把工作交給員工也無法充分授權，這樣的管理者雖然有實務能力，卻缺乏寬容，很難原諒員工的錯誤。膽怯的員工若遇上這樣的管理者，會畏縮不前，無法發揮實力。有時想有所表現，管理者的一句話就使他們卻步。

◆以行動表示信賴員工

用人不疑、保護並支持人才是有效的激勵手段，人一旦被信任便會產生強烈的責任感和自信心，尤其上司對下屬的充分信賴就是對屬下最好的獎賞，會形成促使下屬努力工作的動力。信任是種催化劑，使原本蘊在人體深處的自信加速爆發，一旦具足自信，工作便能有更好的表現。聰明的管理者，總是以最恰當的方式表示對人才的信賴，主要有以下幾種方式：

1. 在大庭廣眾、眾目睽睽之下，管理者有意識地製造「隆重」的氣氛，將最困難、最光榮的重要工作交給某位員工，使他覺得這是管理者對他的重用。
2. 在某位員工完成重要工作後，管理者說：「辛苦了，休息一下吧！」並且給他一點額外、但不過份的「照顧」。
3. 在聽到別人對自己下屬的「非議」時，管理者應予以駁斥，一如既往地任用他。
4. 在員工屢遭挫折、工作進展不順利時，管理者應及時提供必要的支援和幫助，而非中途換人。
5. 其他靈活巧妙的行為方式，隨機應變。

總之，管理者以行為表示信賴，比用語言的效果更好。

士為知己者死

在某些特殊的情況下，如果主管能看到員工的長處或優點，激勵效果更佳：

1．員工的缺點遭到人們非議，而優點被忽視了。

2．員工因為種種原因突然陷入人際關係的「漩渦」，眼看就要遭到冷落。

3．員工決心痛改前非，修正從前的過失和錯誤，但一時難以改變，心境仍極度苦悶。

4．員工被某位管理者認為不能被重用，而問題出在那位管理者身上時。

5．當員工確實有某些明顯的缺點以至掩蓋其優點，致使他長期不受歡迎。

6．其他各種負面情況。

對屬下以誠相待，保護好團隊，讓他們有快樂與滿足的感覺，進而激發工作能量。

這種情況下，如果某位管理者能「慧眼識英雄」，被賞識的人就會產生由衷的感激之情。一旦被重用，「士為知己者死」的意識就更強烈，因而賣力工作。

心理學家指出，幾乎人人都希望被視為重要的人，然而在專業分工的社會中，個人特質難以突顯，以致無法鼓勵員工的積極性和主動性。要克服這種弊端，最可行的方法是，管理者把員工都視為重要的大人物，使每個人渴望被重視的心理得到滿足，繼而成為積極工作的動力。可採用以下幾種方式：

1. 留意員工的需求，避免造成傷害，如果傷害已成，應盡力幫忙癒合。
2. 鼓勵員工談論自己和興趣。
3. 讓每位員工都有被重視感。
4. 記住每個人的名字。
5. 把員工的人事問題當成重要問題處理。

管理者對待員工的正確態度

1．認真地觀察與了解員工，一定要從「人」的角度認識員工。
2．員工對自己的工作懂得比你多，你的職責是徵求他們的意見與看法，並綜合歸納。
3．如果員工在乎工作並以此自豪，應該由衷地為員工的成就感到驕傲。
4．員工和你一樣，你想達到的，他們也想達到；但你想得到的，他們並不一定想得到，所以要明確告知你的要求和目標。
5．管理者並不是只有你一個人，員工要養家糊口，但並不一定得屈就在這裡，特別是優秀的員工。
6．你和員工是分工合作，所以只要做好你的工作，絕不可越俎代庖。
7．你與員工有平等權力，公開、公平、公正待人，才能保證企業長治久安。
8．賞罰分明。員工有好表現時，別吝嗇給予獎勵；員工犯錯時，懲罰也要果斷明快。
9．員工不是十全十美的，求全責備，抓住弱點和錯誤不放，只會削弱人們的自覺性與積極性。
10．你期待別人如何對待你，就應該同等對待人，將心比心，才能吸引人、善用人、留住人。

合理懷疑每一個人

明智的管理者都明白一個簡單的道理：凡事皆有度。你相信一個人，必須擁有足以支持論點的相關事實。當然直覺也有很大作用，不管是直覺還是事實，這些證據都必須可靠、有說服力，至少足以使自己確信：這個人值得信賴他的為人與能力。

同時，**千萬不要喪失應有的防備，必須在合理的範圍內懷疑每一個人**。請注意是「合理懷疑」而非「任意懷疑」。人性基本上是利己的，追求自身利益最大化，當然其中也存在個別例外，但畢竟是少數。一旦各方面條件皆備，利己的一面便會表現得非常突出，想盡各種辦法滿足個人欲望，你要做的就是採取各種措施防止這種情況發生。

善用人、留住人

主管一定要了解屬下的優缺點，並且充分信任，才能交付重要任務。
- 交付工作前，事先說明執行過程需要特別注意的細節。
- 遇到狀況時，立刻提供必要的支援和幫助。
- 達成任務後，給予適當的激勵。

對於資深員工和長期合作的客戶，通常管理者容易失去警覺心，導致企業蒙受重大損失。防範之道如下：

1. 重要的工作應交由兩人以上同時完成，防止一人獨斷或舞弊。
2. 在高級主管中不特別重用某人，使他們彼此牽制、互相制約。
3. 設立覆核或內部監督部門，監督重要部門或人員。
4. 重要職位採取輪調制，防止一人專斷，也防止內部形成小派系。
5. 管理者的不定期抽查與巡視。

千萬不要喪失應有的防備，必須在合理的範圍內懷疑每一個人。

論功行賞

如何發揮獎勵的效用

計功而行賞，程能而授事。

——《韓非子・八說》

獎勵的八種效用

巧妙運用獎勵的技巧，選擇適當的獎勵方式，比增加獎金，更能激發員工的積極性：

1．具體性：獎賞具體的工作成果，使人們明白何以獲獎，如何才能獲獎。

2．及時性：有所表現立即給予獎賞，便能激發持久的工作熱情。

3．廣泛性：獲大獎的人畢竟是少數，而且會使大多數人感到喪氣，所以要適時多發點小獎勵。

4．不可預期性：因為可以預測的到，定期的獎勵往往會失去作用。不可預期的獎勵效果更佳，人們會願意為了一個美好的希望而努力工作。

5．關心性：純物質刺激，其作用終難持久，管理者真誠關心下屬，不失為強而有力的手段，這就是常說的「人情味」。

6．多樣性：物質獎勵以外還有精神獎勵，或提拔擔任更重要的工作，提供深造的機會等。

7．公開性：獎勵應公開化，祕密給獎（如：紅包）容易產生神祕感，令人猜疑，會影響積極性和團結性，導致獲獎者不能做橫向比較，只能進行自我縱向比較，較沒有激勵的效果。

8．合理性：論功行賞，有卓越貢獻的才給予大獎，如果獎勵不當，倒不如都不要給。

◇漁夫的錯誤，獎賞的謬誤

怎樣才算是正確合理的獎賞呢？很多主管都沒有正確的答案。

有個寓言是這樣的。某個週末，一個漁夫在船邊發現蛇咬住青蛙，他替青蛙感到難過，就輕輕地把青蛙從蛇嘴中拿出來，並放走牠。但是，他又替饑餓的蛇感到難過，由於沒有食物了，他拿出一瓶威士忌酒，倒了幾口在蛇的嘴裡，蛇愉快地離開了。漁夫認為一切都很妥當，但幾分鐘後，他聽到有東西碰到船邊，便低頭往下看，令人不敢置信的是，那條蛇又回來了——口中還叼著兩隻青蛙。

這則寓言，帶給我們兩個重要的啟示：

1．你給予了獎賞，卻沒有得到你所希望、所要求、所需要或所祈求的東西。
2．你為求做對事情，很容易掉入獎賞不當、忽略或懲罰正當活動的陷阱中。

結果，我們希望甲得到獎賞卻獎勵了乙，也不明白為什麼會選上了乙。身為主管的你，在行賞的時候是否也犯過類似這位漁夫的錯誤呢？

獎勵解決問題，不獎勵做表面功夫的人

員工面臨問題時，往往有兩種處理方式：一種是從產生問題的根源出發，認真分析原因，尋求解決問題的方法。但是這種需要時間，效果又慢，需要耐心與毅力。另一種是治標不治本，盡快地解決問題，這種方法能很快收到效果，但是由於頭痛醫頭、腳痛醫腳，不能解決根本問題。

在企業裡，管理者秉持著實用主義，往往比較喜歡第二種方式。因為對實用主義太過讚賞，認為這種人能辦事、能解決問題，特別是在關鍵時刻，能迅速補救、度過難關，這在私人企業中很吃香，常常受到獎勵與讚賞。其他員工看在眼裡，覺得這樣也不錯，於是有樣學樣，長此以往，造成機會主義盛

行，追求表面文章，員工只願意做能立竿見影的事，之後馬上伸手要利益。反而從根本利益出發，希望企業長治久安，做深入細緻工作的員工並不受重視，使企業逐漸病入膏肓。

正確的獎勵應該把注意力放在正本清源上，鼓勵深入、紮實工作的人。

◆獎勵創新，不獎勵一成不變的人

管理者應該具備開放性與創造性，但在企業中卻往往忽略勇於創新的風氣，管理者認為只要自己開出一條路，其他人跟著走就行了。

其實，創新是企業前進的動力，管理者的創新非常重要，但更重要的是創新意識與鼓勵人們創新的風尚，如果管理者缺乏創新的膽識，企業又沒有形成創新機制，就會面臨很大的危險。同樣地，如果只有管理者的創新，就像所謂的「一個瘋子管理一群傻子」，企業將面臨風險，因為「瘋子」會敗亡，或者是「瘋子」發現「傻子們」根本不能理解自己，最終造成「一個越走越遠的瘋子，後面跟著，一群漫無方向的傻子」的局面。

私人企業最大的優勢是創造性，管理者一定要鼓勵員工不斷創新，對於現代企業而言，最主要的財富不是金錢，而是新的思維，**只有鼓勵創新，企業才能長青**。

獎勵有行動力，不獎勵光說不練的人

企業不是研究單位，不是慈善機構，經營的目的很簡單，就是要獲得利益。鼓勵員工發現問題、分析問題，但更應注重解決問題。公司總會有些員工一抓住機會就侃侃而談，暢快地發表意見，卻提不出一點實際的作為。雖然管理者也覺得這些人有些浮誇，但偶爾也會有一些事被他們說中，所以覺得他們還是挺有水準的。久而久之，空口說白話的人吃香，認真工作的人得不到應有的重視與獎勵，企業就變得空洞與虛浮了。

許多公司中有不少員工一直兢兢業業、默默工作，這些員工往往把精力全放在工作上又不善辭令，討不到管理者的歡心。這些員工很少請假，在壓力之下仍然能努力工作，及時完成任務，管理者不在時亦堅守崗位，甚至引領他人，到了關鍵時刻能發揮作用的正是這些人。管理者要重視這些員工，企業中能有這樣的員工，實屬大幸。

獎勵工作質量，不獎勵量多質不佳的人

沒有背景的人不想努力又想有所收獲，無異是天方夜譚，所以在企業中，工作速度快的人被認為是效率與勤奮的象徵，但我們往往會忽略了負面作用。一是造成只注重結果，不注重成本的現象發生，就像我們常說的「花一塊錢賺一毛錢」。二是過分注重速度，往往犧牲品質。

獎勵承擔風險，不獎勵逃避責任的人

面對風險與責任，有兩種不同型態的人。一種是「不做錯任何事」，另一種是「不做任何錯事」。第一種人看起來好像能力很強，實際上對企業危害很大。其缺乏承擔風險與責任的勇氣，做起事就綁手綁腳，表面上沒出什麼錯，實質上卻沒有什麼貢獻。所謂不做錯事的人，其實就是不做事的人。第二種人有時不討管理者歡心，因為他們想做事，但在過程中難免犯錯，為企業與他人帶來一些影響。

管理者常以結果論斷，偏好第一種人，不做錯任何事的人，最終導致企業毫無生氣，形成多做多錯、不做不錯的不良文化。

私人企業的員工就像學生，如果害怕出錯，不願意學習與嘗試，永遠沒有出息。如果學校的作風是抓住學生的錯誤不放，不給予從錯誤中學習和成長的機會，這個學校永遠不會是好學校。所以企業應該提倡承擔責任、承擔風險，除非是犯大錯，像是違反常理、法律、社會、商業道德的事。一般情況下，應該鼓勵員工多做事，並且從錯誤中反思、記取教訓，要求下次把事情做得更好。

因此我們應該允許員工犯錯，但不允許做有違倫常的事，而且同樣的錯誤不能重覆發生。

◆獎勵工作效率，不獎勵表面忙碌的人

企業存在一種現象，就是有些員工會以加班為榮，以忙碌作為衡量工作態度的標準，表面上人人都在拼命工作，實際上效率低下，為忙碌而忙碌。因為管理者喜歡看到大家都在忙，該忙的忙，不該忙的也忙，形成整個企業「無事忙」的局面。

但事實真相是如何呢？通常員工的忙碌純粹是做給管理者看的，這種「無事忙」造成了兩大危害。一是養成了拖拖拉拉的習慣，辦事效率低下。因為事情就這麼多，要想讓管理者高興，就把只需以半小時做完的事，花一個鐘頭來做。有事做就不會被罵，管理者看見了也開心。久而久之，慢慢地養成壞習慣。二是習於作表面文章，陽奉陰違，在管理者面前是一套，在背後是另一套。

因此要提倡：高效率做事，不要以工作時數論用心程度。

◆獎勵忠誠，不獎勵朝三暮四的人

企業往往面臨人員流動問題，由於觀念與方法上的差異，內部始終存在著不穩定性，員工缺乏安全感。能讓員工忠誠的企業並不多，而這些都是不當的激勵機制產生的負面影響。

在一些公司中，管理者憑個人的喜好用人。另一方面，他們往往相信外來的和尚會念經，對原有的員工不太重視，結果造成人員流動，越優秀的員工越早離開，因為他們感受最深，也最容易找到新的工

作。往往當他們提出要離開時，管理者覺得可惜，想要極力挽留。

除了重獎勵，更要重賞識，這也是管理者留下員工的兩個高招：

重獎勵，更重賞識

Point 1

寧可犧牲自身利益，也要保障員工

面臨困境時最能體現管理者的用人與帶人之道，也考驗企業是否具備讓員工忠誠的基礎。從某家公司任職十年以上的員工調查中發現，他們留下來的原因大致相同：如果企業能關心、相信我們，交給我們有挑戰性的工作，並能理解與鼓勵，讓我們做得更好，我們願意以此作為長期發展之地。

Point 2

從內部提拔人才

要讓員工長期留在企業，勢必要有內部調動與提升機制，如果總是向外招募人才會限制員工的發展，挫傷他們的積極性。除非是特殊職位，否則能從內部提拔就不要由外部招聘。管理者選擇外聘的主要考量在於人事協調問題，與其從幾位內部人選中挑出一名，還不如外聘，以免其他人選不服氣。但這樣做的同時，也挫減了團隊士氣，減弱員工的忠誠度。

種瓜得瓜

如何支付員工的薪酬

假如種瓜得瓜，種豆得豆，種是因，得是果。

——明．馮夢龍《喻世明言．第二十九卷．月明和尚度柳翠》

◆ 員工與利潤密不可分

以往人們習慣將員工視為成本，成本越低利潤越高，如果降低了工資或進行裁員，利潤就會因此而上升。這樣的認知簡直就是本末導置，一個真正的管理者是將員工視為關鍵性資產，會花更多的精神與資源去發展，絕不會出賣員工以獲取利益。他往往把更多的錢投資在員工身上，因為他明白員工與利潤不是成反比，對員工投資更能帶來長期的利潤。

優秀的管理者絕不吝嗇付一些瑣瑣碎碎、作為員工福利的花費，但是也不會容許恣意浪費。比如他會接受業務人員在外花點零用金，但不會接受高階主管利用公司的錢來辦沒必要的聚會。

管理者做出的每一個決策，都應讓員工獲得實質的鼓勵，員工與利潤相互聯繫，管理者絕不會看不到利潤所在，也不會看不到員工的貢獻——他十分清楚利潤與員工兩者都不能忽視。

金錢在員工身上的作用

金錢用於激勵是一把典型的雙面刃，一方面金錢可能是最直接、最能立竿見影的激勵措施，因為錢是最實質的鼓勵。但另一方面，金錢也是最不可靠、代價最昂貴，而且也是最難以操作的激勵手段。你能保證員工會因為多拿錢而多幹活嗎？你知道員工認為該拿多少錢才願意任勞任怨呢？多數情況下，答案都是「不一定」。

金錢激勵是一種極具風險的選擇，往往花的錢不少，員工的績效卻毫無起色，維持的時間也短。而且金錢激勵的操作十分複雜，要想達到預期效果必須依賴多種因素，例如，你要激勵的對象是誰？為此投入多少錢才算合適？……每個人的價值觀與為了得到金錢所願意付出的代價可能大相逕庭，錢多錢少所帶來的激勵效果也有明顯的不同，有時候錢稍微少一點可能就等於白花，毫無激勵效果可言。

雙面刃是指一件事物的兩面性，對於特定事物同時產生正負兩面的影響。儘管如此，這種激勵法還是有它的效果，對以下四種類型的人而言，金錢可能是一種相當不錯的激勵法寶：

1．雅痞型：他們的收入尚不能夠支持他們實現理想的生活方式，對於錢當然是多多益善。

2．力爭上游型：經濟狀況不佳或過往的刻苦日子使他們感到錢具有相當魅力，不過金錢激勵對這種人而言是暫時性的，因為他們的收入最終會逐漸接近期望值，但也有可能因為習慣，而仍然將金錢看得特別重要。

3．錢鬼型：這些人生活的全部意義就是賺錢，不用特別激勵他們，只要錢多，叫他們做什麼都願意。

4．追求成就型：有些人把成就看得比什麼都重要，只把金錢排在第二位，但他們也希望得到與自身價值相當的收入，以證明自己比同事更出色。

透過一些專家們的研究，總結出以下祕訣作為支付員工薪水時參考：

・配合員工的意願。
・配合員工達成的業績。
・抓住適當時機，把獎勵理由表達得明確無誤。
・讓員工參與薪水方案的設計與推動。

・讓報酬方式與花樣不斷翻新，不斷給員工驚喜。
・公開薪水支付方案，但要有調整的彈性。
・薪水支付的方式要與公司經營理念相符。
・合理拉開薪水支付的層級差異。
・因人而異，調整薪水支付的頻率與內容。

避免對加薪不滿的方法

想預防員工不滿加薪幅度，必須從你上任的第一天開始，就查閱所有員工的檔案，逐一了解他們的家庭和學歷背景。其中工作資歷最為重要，若員工是因為原公司薪資低微才跳槽到你的公司，有這方面的紀錄就代表他在這方面可能需求較高。如果有心要培養人才為己用，便要盡量根據工作能力去支薪。

留意其他公司給予員工的薪資，這點可從人力銀行中略窺端倪。維持公司的每個職位在合理基本薪水以內，表現特別卓越的員工才予以考慮將報酬提高。

職位有高低，薪水也有差別，相差不宜太遠，以免出現做同樣的工作收入卻懸殊的情況，特別是高階主管與一般上班族，往往都做著類似工作，而薪水卻有如天壤之別。再者，大部分公司以學歷為加薪的標準，往往造成學歷不高的員工再怎麼拼也輪不到他們加薪，高學歷者表現平庸，薪水卻節節高升，自然引起部分學歷普通的員工不滿。在現實生活中，不重視學歷的公司幾近於無，這是一種成見，他們認為書念得好應該有過人之處，多用些金錢招聘也是值得的事。同樣地，這些高學歷者認為自己多花了幾年時間、金錢、精力在念書上，是一項龐大的投資，當然要有應得的「回報」。

不患貧而患不均

一個人對所得的報酬、獎勵是否滿意，不是看其絕對值，而是進行社會性評比或歷史性評比，看其相對值。每個人都會對自己報酬與貢獻的比例進行比較，如認為這兩個比例大致相等，就覺得公平合理，因而感到滿意、心情舒暢，工作更加賣力。如果認為這兩個比例不相配，或是自己的比例低於別人，當然會感覺到不公平、不合理，也就別想有好的工作情緒。把個人的報酬比率與同時期同事、同行、親友、鄰居等人的報酬比率相比是「橫比」。把個人的報酬貢獻比率與自己以前的比率相較是「縱比」。通常一般人，尤其是年輕人比較喜歡橫比。

前面已強調**報酬是相互比較，是報酬與貢獻的比率，而不是單純的報酬**。報酬包括物質和精神兩方面，如：工資、獎金、津貼、晉升、名譽、地位等。貢獻包括體力和智力兩大方面的消耗，如：技術、能力、工作態度、經驗資歷、工作量和工作品質等。想要做到報酬與貢獻能公平分配，首先要建立多勞多得的觀念。管理者要引導下屬相互比貢獻、比付出、比工作績效，而不是因為自己所得比別人的所得少便口出怨言、胸有怨氣。其實若能把自己所得與所勞的比率作全面性的比較與檢討，可能就會覺得公平了。

薪資太低會影響員工戰鬥力

許多管理者認為只要提高工資，員工受到激勵就會認真工作，事實上並沒有這麼簡單。社會學家指出，使人產生幹勁的因素可分為「促進因子」與「保障因子」。前者有促進工作績效的作用，後者則維持工作士氣和效率，使促進因子較容易發揮作用。

許多管理者希望把待遇提高後，員工就會努力工作，結果效果卻不盡理想。好不容易將工資提高了，建立了完善的工作環境，工作條件大為改善，但員工的工作績效仍在谷底徘徊，這是因為缺乏促進因子，而發揮不了作用。

合理的薪酬制度能產生激勵作用

每個人對金錢的要求標準不一，公司若是獲利不錯，發放獎金必定對員工有激勵作用；若獲利不佳，要求大家共體時艱，少數員工的忠誠度將可能產生變數。

唯有公布薪資政策、程序與分配的制度，使其分配合理化，才能滿足大多數員工。

保障因子和促進因子是地基和房屋的關係。保障因子就像房屋的地基，上面必須要有房屋，這種房屋就是促進因子，光是有地基或房屋都沒有用。由此可以下結論：薪資低會影響幹勁，但提高薪資未必會提高幹勁。也可以說，唯有兩種因子皆備的情況下，才能彼此交互作用，產生最大效益。

◆獎金激勵三原則

獎金是超額勞動的報酬，設立獎金制度是激勵人們自我超越的一帖良藥，在發揮獎金激勵作用的實際操作中，應注意以下三點：

1．必須信守諾言，不能失信於員工：失信一次，會造成往後重新激勵員工的困難。

2．不能老是大家樂：獎金激勵一定要使工作表現最好的員工成為主要受獎人，這樣才會使其他人明白獎金的實際意義。

3．使獎金的增長與企業的發展緊密相連：讓員工體會到唯有企業興旺發達，獎金才會不斷提高，而達到同舟共濟的效果。

◆活用發薪技巧

在現代中文裡，「朝三暮四」和「反覆無常」的意思差不多，這個成語的來歷可引為管理者的借鑑：

戰國時期，有人養了一群猴子，他每天都採桃子餵牠們，每隻猴子早晚都可以分到四個桃子。有一天早上他對猴子說：「以後每天早上給你們三個桃子，晚上再給你們四個桃子」。不料卻引起眾怒，猴子們怒不可遏。正當猴群差點要暴動時，主人靈機一動說：「那早上還是給四個桃，晚上再給三個桃好了！」猴子一聽，便喜滋滋地不吵了。

這樣一個小故事，最直接的是諷刺猴子的愚蠢，總數都是七個桃子，並沒有任何變化。但是對於主管的薪水管理工作來說，有什麼借鑒呢？那就是：薪水管理要靈活調整。

薪水管理要靈活調整

1. 在總支付額不增加的情況下，適當調整支付的次數、額度和時機，往往會提升員工滿意度。當然，切記不要弄巧成拙。

2. 學會靈活運用預付薪水的方法：預付多一些？還是結算多一些？如何確定兩者大致比例？怎樣靈活調整運用呢？實踐中都存有技巧。

3. 是否建立薪資預支制度，例如：預支的條件、審議、額度等等，以及如何訂出辦法。

人當然不會像猴子那樣愚蠢，但人也是經濟導向，員工會在不同的階段對薪水有不同程度的需求。譬如對新員工來說，他們往往特別希望公司能預付大部分薪水，以備生活之需，也能在一定意義上體現自己的價值。

提升能力

第24計

製造競爭

激發員工彼此競爭而非內鬥

（瑜）言訖，昏絕。徐徐又醒，仰天長嘆曰：「既生瑜，何生亮！」

——元末明初．羅貫中《三國演義》第五十七回

◆利用強烈的競爭意識

一般人都有不服輸的競爭意識。競爭心因人而異，有強弱之別，如果沒有強勁的對手，競爭心就會消失，做起事來也比較懶散，若有了強烈競爭心，則工作起來會更有幹勁。

競爭雖然能促進工作效率，但過度的競爭會使彼此感情惡化，在事業發展的過程中，如果人際關係不夠好，會導致許多事倍功半的情況。若要激勵員工彼此競爭，一定要在公平的情況下加以指導。對個人來說，應指導他們以前輩為目標，努力超越前輩的成就，這才是好方法。並不一定要以非常優秀的人作為競爭對手，才會提高工作鬥志。

正所謂：生於憂患，死於安樂。作為員工，如果沒有面臨競爭的壓力、沒有生存的壓力，就容易產生惰性而不思進取。相對的，有這種員工的公司，也不會有前途。管理者必須從上任那天起，就讓所有的員工知道，只有競爭才能生存，同時給他們施加競爭壓力，讓他們深刻體會到，適者生存、不適者淘汰的道理。

◆利用「鯰魚效應」（Catfish Effect）

縱觀古今中外任何一位成功的管理者，都具備善於利用「人」這個特殊資源的本領。他們都能以最少的投入產出最多的產品和服務。企業基本上由以下三種人組成：一是不可缺少的將才，約占20％；二是以公司為家、辛勤工作的人才，約占60％；三是東遊西蕩、拖公司後腿的廢材約占20％。如何使第三種人減少，使第一、第二種人增加呢？不妨採用「鯰魚效應」的做法。

過去漁夫捕沙丁魚，總是將魚放入魚槽運回碼頭。抵達港口時，如果魚仍然活著，賣價要比死魚高出許多，因此漁民們千方百計想讓魚活著回到港口，怎樣才能做到這一點呢？那就是在沙丁魚群中放一條鯰魚。

為什麼放進一條鯰魚就能使其他魚都活著呢？原來鯰魚是食肉魚，放進魚槽後，自然會四處游動找小魚吃，大量的沙丁魚發現多了一個「游動殺手」，自然也加速游動。這樣一來，沙丁魚就會一條條活蹦亂跳地回到漁港了。用人也是同樣的道理，一間公司如果員工長期固定，沒有流動就缺乏了新鮮感和活力，容易產生惰性。因此，有必要找些外來的「鯰魚」加入公司，**製造一種緊張氣氛，企業自然而然能常保生機勃勃**。

不要讓員工組「小圈圈」

與許多留學生談到國外生活的情況時，總不免感到遺憾，大多數的留學生雖身在國外，卻總是與自己國家的留學生聚在一起形成小圈圈，不懂得利用國際交流的機會多學一點，如同參加旅行團到國外觀光一樣，實在可惜。

這種情形出現在學生時代算情有可原，但若是進入社會後，則對個人成長毫無幫助。不難發現，許多來自同一地區、學校、同期入職或具有其他共同點的員工，容易聚在一起形成「小圈圈」。他們中午共進午餐、假日共同出遊，平常更是有事沒事便聚在一起。此種夥伴意識，只會加深人的依賴心理，無法在工作上產生緊張感。在這種情況下，每個人的自律心必然受到阻礙，對於部門而言，亦只會產生負面的影響，管理者應及早設法消除員工形成「小圈圈」的現象。

消除這類現象最有效的方法，莫過於將彼此的依賴心轉變為競爭心。例如，在指導工作時可採取個別指導不公開，讓其他員工擔心：「他究竟在學些什麼？」。或是在分配工作時，刻意將小圈圈內的員工分派到不同的工作團隊中，或不時將能力相當的員工拿出來相互比較，以增強他們的競爭心。人一旦有了競爭心，必能產生強烈的向上動力，身為上司者正可利用此一時機達到公司的目標。

◆有限度的鼓勵紛爭

競爭是促進進步的原動力，有限度地鼓勵競爭不一定要做出非常明白地表示，以暗示或默認的態度即會讓競爭的雙方獲得鼓勵。不過，這種獲得上級鼓勵的競爭，如果雙方不知自制，後果將相當嚴重。鼓勵競爭應該要用在雙方都有爭勝的野心，欲求工作上的表現。如果有私心介入的話，作為管理者應即刻出面調和，阻止紛爭擴大，否則將產生不利的影響。若意見相左的雙方都能以工作上的超越作為目標，這種爭執便可收兼善之效。

美國通用汽車公司總經理斯隆，有一次主持決策的討論，發現沒有一位與會人員對決策方案提出相反意見，這使他感到意外，於是宣布休會，說一定要聽到不同意見再作決定，他認為只有透過正反不同意見的爭論探討，才能堅定自己對決策的信心。

中國有句古語：「**兼聽則明，偏聽則蔽**」，正是說只有同時聽到兩種不同意見，才能在分析比較的基礎上避免片面考量而得出結論。有不同意見透過爭論各抒己見，可以找出其中的瑕疵加以彌補，肯定優勢加以發揚。在對立的衝突中，一個方案得到不斷地修改、更新、完備，就可成為經得起考驗的最佳方案。

會議上沒有反對的意見，並不代表真的沒有反對意見，有可能是懾於主持人的威勢，不願開口，也有可能是未考慮成熟難以啟齒，這時通過方案不代表所有人都持相同意見，在執行時就無法同心協力，也可能產生負面效果。而藉由一番討論甚至爭執，大家反而有了統一的想法，形成真正的向心力，執行時也才能有成效。所以沒有反面意見時，不宜草率作出決策。

需要注意的是，管理者要引導好內部的競爭，如果造成爾虞我詐、勾心鬥角的內部耗損，這一切苦心便被本末導置了。

過度衝突會帶來傷害

設定目標管理來導正員工的競爭意識，不能因私下不合而意氣用事、延誤工作。職場裡有很多利害關係，與同事之間不能像讀書時期那樣單純地互動交往，最常聽到的就是上班時間如膠似漆，下班卻在彼此背後說長道短。

聰明的主管必須懂得如何巧妙利用屬下之間的競爭與依存關係，明確劃分每個人的工作角色，使團隊效益發揮到最大。

教導員工遵守競爭原則

以下的人很容易在公司內部樹敵，容易失去朋友，變得孤立無援：

1. 把對立意識變成敵視對方的人。
2. 無法控制過強的自我意識而樹敵的人。
3. 因一點小誤解而樹敵的人。
4. 因自卑或優越感而樹敵的人。
5. 因異性感情關係而樹敵的人。

如果你處在上述的五種情況，請好好的想想，其實與對手競爭並不等於吵架，自古至今競爭原理都是和氣生財，最好把競爭對手的存在當作是促進自己努力工作的動力，同一公司內部的競爭對手更應當協調一致、共同進步。

再強調一次：適度的競爭是必要的，但是在競爭中不必加入無謂的爭吵。由於人的性格和想法的不同，有時會為自己樹立敵人，同時導致一些不該發生的錯誤，管理者不能對員工的無謂爭吵視而不見，若有類似的情形一定要給予當頭棒喝，並時常提醒員工「**可以向競爭對手正面挑戰，但不要把對方當作仇敵**」。

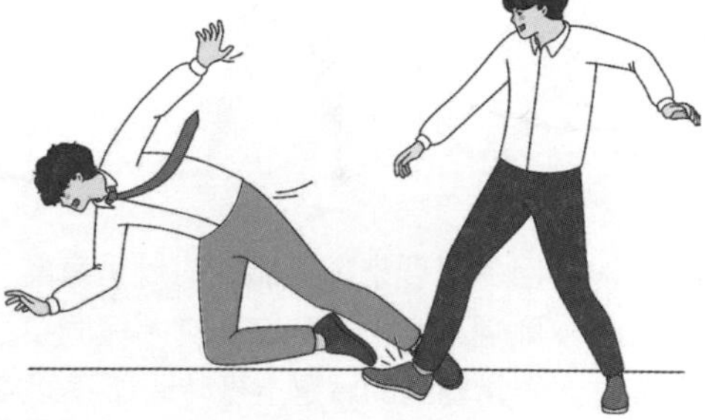

可以向競爭對手正面挑戰，但不要把對方當作仇敵。

薪資該不該公開？

薪資需要保密嗎？為何需要保密？

薪資是員工十分關心及敏感的事項，不管怎樣處置都可能掀起軒然大波，無論是迫不得已絕不輕易變動，或是一有風吹草動就用彈性方式處理，都無法讓每位員工心服。於是管理者心想，既然無論如何處理都有人不平不滿，那乾脆實施薪資保密政策。

其實，薪資不可能真的保密，這樣做不過是掩耳盜鈴，充其量只能做到任何人不得以他人薪水多寡來跟上司理論。再者，會將大家導向人力自由市場機制：只要你自認有價值、敢要求，也合乎公司需求，便一拍即合。往後若加薪無望，或者公司認為不值這個價碼，便「揮揮衣袖，不帶走一片雲彩」，無所謂忠誠與否。

以短期經營的眼光來看，薪資保密的確是一帖省事偏方，既可消除眼前爭議，也可不用花時間規劃長遠績效管理的薪資架構，免除許多繁雜且吃力不討好的工作，但卻不符合持續發展的精神。

薪資高低若取決於管理者主觀認定，不但缺乏標準，也容易生弊端，更不易服眾。如今各項管理技巧已趨向人性化，可客觀地以標準衡量，並公開接受批評，不合理就修正調整，直到接近眾人信服的薪資標準。

或許，多年來盤根錯節的薪資保密制度使一切權力運作變得剪不斷、理還亂。縱使有心建立透明、公平、合理的薪資架構，亦因既成事實與既得利益擺不平而投鼠忌器。但只要肯做，時間就能化解一切，不做，時間也會化解一切——包括公司本身。總之，持續經營的口號就從公開薪資開始展現誠意及決心吧！

上下同心

如何調解管理者與員工的矛盾

上下同心，君臣輯睦。

——《淮南子・本經》

◆妥善處理不滿情緒

人有欲望，只要有人類的存在就會有欲求不滿足的情況，那麼對管理者來說，要如何處理這種情況的發生呢？

首先，要確定一個基本觀念：整個經營體制要做到皆大歡喜幾乎是不可能的。有利員工的事不一定利於經營方針，往往欲望一經滿足便會產生安心或虛脫的感覺，精神逐漸鬆懈。

再者，欲望的滿足永無止盡，一個需求得到滿足了，另一個需求又會跟著出現。員工的需求無法一一滿足，而不滿的產生多數是因工作人員情緒不穩定，以及與上級無法正式的溝通，因而與公司產生糾紛或芥蒂。所以平息不滿最好的方法，乃是穩定他們的情緒，尋找起因並解決、聆聽他們的意見，以及在可能範圍內滿足他們的需求。

最忌諱的就是置之不理，剛開始屬下也許只是單純對上級個人不滿，之後漸漸演變成對公司的不滿，最後很可能將整個不滿情緒擴大到公司的各個角落，甚至發生破壞和傷害行為的意外事件。

還有一點必須明白的是：「**不滿，是進步的原動力。**」對現狀不滿是刺激新轉變的動力，管理者要善加利用這種情緒，不要愚蠢地強迫壓制。

經營有了起色，就要警覺內耗

家和萬事興，公司內部和睦會帶動外部業務的蓬勃發展，許多公司本來可以做得很好，之所以長期停滯不前，就是因為不斷地內耗。

通常在業務稍有起色時分裂的危機最大，合作者都以為自己最懂得怎樣做這項業務，無需與對方合作，這個私心一起，合作者的缺點自然顯現出來：大家像無頭蒼蠅般亂鑽，意見永遠不統一，該做的事都放在一邊。

在這種情況下，幾個合作者賭氣不工作、鬥氣亂花錢，直到大家一起把公司拖垮為止。另一種做法是任人唯親，各自安插親信，公司人事大而無當。更有一種做法，就是索性在外邊開另一家同質性高的公司，把原來合作的顧客搶去。無論怎樣做，原本的公司多是被分裂拆股或倒閉收場。

所以，和氣生財，內部和睦，才會帶動機會。沒有內部威脅，一致全力對外，公司營運自然蓬勃發展。

忌用「自我為中心」的態度管理員工

先了解一下，自己是否屬於「自我型」的人：

1．以自我為中心，話題都是講過去自己怎麼做，到頭來都是主管在發言。
2．沒有耐性，傾聽表達力較差的下屬報告，擅自整理出意見內容，而誤解原意。
3．立刻下結論，自以為決斷力強，不等下屬把話說完。

在公司裡，你的個性是否影響管理方式和人際關係呢？許多理論就是希望能讓人了解，進而能選擇正確的「賞罰」之道，改變個人行為。可是不管你對各種理論多麼熟悉，你的個性才是對屬下最具有影響力的因素。

以下是「自我為中心型」的人管理屬下的幾個例子：

1．屬下不會告訴你目前的狀況。因為你喜歡高高在上，表現出比他們懂更多事情的樣子。
2．你對屬下沒信心，認為自己的能力比他們都強。
3．你不會主動聽取他人的意見和看法，你認為自己永遠都是對的。
4．你不會破例協助屬下，你認為他們拿了薪水就該為你工作。
5．你搞不清楚屬下是否都很稱職，你認為如果他們做得不好，是他們的問題，不是你的問題。
6．你不清楚屬下期望你做些什麼，你認為要一一了解這些太花時間了。

如果一直用自我主觀意識來管理員工，最後將造成某些成員對你、甚至是對公司心生不滿。管理者在此種情況開始發生時，若未能有效地加以解決，往往會使問題逐漸擴大並更加棘手，最後演變為不可收拾的局面。

管理者該如何解決此類問題？最有效的辦法莫過於讓員工把心中的不平與不滿發洩出來。

上司如果具有較敏銳的直覺，在聽取屬下的牢騷或辯白時，對於問題所在往往可一目了然。但即使如此，還是千萬不要在屬下剛開口時便潑冷水，更不可在他尚未提出意見時，隨即加以反駁。如此一來，只會使他們原本低落的情緒更為惡化而已。

有時對方的說法也許有所偏差，或存有先入為主的觀念，若在談話中斷然地予以否定，勢必會損及對方的尊嚴，日後他便再也不敢打開心扉向你傾訴。相反地，如果上司耐心將對方的話聽完，對方緊繃的心必會漸漸舒展開來，且會認為：既然你能夠把我的話聽完，那我也願意聽聽你的想法。

於是，當對方認真聆聽你的談話時，不妨趁此大好時機，有意無意地加入你的意見。事實上，許多管理者儘管本身才幹出眾，卻仍然無法有效地掌握人心。其關鍵所在就是因為他們以自我觀念為依歸，未能考慮屬下的心理因素。

所以，只要主管讓屬下享有表現自己的機會，相信必可培養出優異的人才。

不要成為這樣的人——自我為中心型的主管

沒有耐性傾聽表達力較差的下屬報告，擅自整理出意見內容，誤解報告原意。
立刻下結論，自以為決斷力強，不等下屬把話說完。

以自我為中心的主管，話題都是講過去自己怎麼做，到頭來都是主管在發言。

認真解決抱怨

當人們受到不公正的待遇時，通常會有情緒化的反應。反應的第一步就是發牢騷。我們對任何事情都有牢騷，從交通擁擠到爛印表機，都會惹人一肚子怨氣。通常發牢騷只是一種發洩的手段，但如果這種令人苦惱的問題一直未得到解決，久而久之，就可能積累成為抱怨。最後會令人覺得委屈，並嚴重影響工作表現。

解決這個問題的辦法，就是要**對牢騷保持敏感，對抱怨保持高度注意**。當你的員工抱怨時，要以關切的態度迅速做出反應，讓他們知道你有在關注這個問題。要徵詢他們解決問題的辦法，聽聽他們的建議，然後決定可以採取哪些應急或長期的方案著手進行，以減緩抱怨並解決問題。

隨著時間的推進，未得到解決的問題會引起越來越多的抱怨，如果你仍不採取可行的辦法對抱怨做出反應，員工便會認為你不關心這件事。如果處理不當，將會在你和員工之間造成裂痕。要傾聽抱怨，傾聽員工不得不說的話；要以行動做出反應，不要草草許諾了事，要切實採取行動。

從業人員內心總有許多苦衷，希望能說給上司聽，但一般說來，多數人還是選擇憋在心中，有時忍久了，可能會忘掉這些不愉快，有時越積越多，就可能爆發出來。有許多人說：「薪水太低，所以我不幹了」，實際上這僅是表面的藉口而已，心中早已累積了許多不滿，等到不滿與苦衷再也裝不下時，就會轉變成激烈的反抗。這樣的反抗，由於非理性的部分大過理性，對於企業的成長多半弊多於利，所以盡早找機會讓他一吐為快，這才是聰明的辦法。

為了消除員工內心的不滿，就要讓他自由的發言以發洩怒氣，這點很重要。此時上司若不誠心誠意聽他傾訴，使員工覺得表達意見是多餘的，反而會弄巧成拙。

傾聽者在傾聽時絕對不可保持沉默，不妨偶爾插幾句「是的」、「以後」……，如此一來，會令傾訴者自覺發言有意義，更會覺得你是個有修養、有同情心的上司，會更信賴你。有著寬闊的心胸、柔和的態度，令人自由自在、暢所欲言的上司，會使員工無形中減少許多困擾。在這種上司底下工作的從業人員，可以當場將心中的不滿完全透露出來，轉而以開朗的態度工作。

◆如何團結對自己有意見的員工

在工作中不可能沒有矛盾，也不可能沒有摩擦和誤會，重要的是出現矛盾和分歧後該如何處理。

1．氣量要大，胸懷要寬：尤其是被下屬誤解時，更要有一定的氣量，不可遇事斤斤計較、耿耿於懷。

2．互動上要主動：當上下級發生矛盾後，下級的心理壓力往往要比上級大，此時管理者要主動出面，減輕員工的心理壓力化解矛盾，不能坐等員工來低頭認錯，要為緩解關係創造出有利的條件。

3．當員工遇到困難時，要備加關注：當那些反對過自己、對自己有成見的下屬遇到困難時，管理者更應關心，促其感化。
4．敢於任用反對過自己的人：對那些反對過自己的人，包括知錯能改的下屬，只要他們確有真才實料，就要給予平等機會，促使公司內部團結。

◆合理調解衝突

公司裡的各個部門都有自身利益，為了維護各自的利益，難免發生衝突。例如：銷售部門為了達成目標，希望能得到一筆廣告費，而新增的廣告費會打破收支平衡，為財會部門帶來負擔；生產部門為了增加生產量，向管理者提議增加十個員工，這樣生產數可以增加一倍等等。

公司管理者應當認真對待這些部門衝突，不能坐視不管，更不能利用矛盾進行公司內鬥，唯恐天下不亂，使矛盾激烈化。**部門間發生衝突的原因之一，是彼此缺乏協調，從某種意義上來說，是管理者的失職**。管理者應當注意培養員工的協調精神，利用聚餐、例會等時機，灌輸協調的重要性。

必要時，應當適時地召開協調會議，以防範部門間的對立。教導屬下從公司整體利益出發，不要只顧著自己部門的利益。當雙方對立情勢惡化時，更應親自出面裁決，仔細聆聽雙方的陳述，分析雙方的是非。

面對七類人的溝通小技巧

1. **知識高深的對象**
充分顯示你的博學，多做抽象推理的內心層面探討。

2. **知識低淺的對象**
他肯定聽不懂高深的理論，那就得多舉明顯的事例。

3. **剛愎自負的對象**
不宜循循善誘的時候，可改用激將法。

4. **自誇自大的對象**
不能用表裡如一的話使他接受，不妨用誘兵之計。

5. **脾氣急躁的對象**
他們很討厭喋喋不休的長篇大論，須用語簡要直接。

6. **性格沉默的對象**
要多挑起話題，不然將墮五里霧中。

7. **腦筋頑固的對象**
肯定不能來硬的，否則容易形成僵局，應看準對方最感興趣之處，慢慢予以潛移默化。

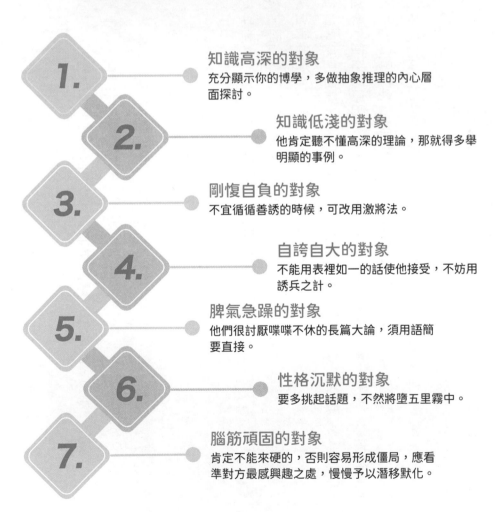

適當加壓

如何讓員工保持危機感

服牛乘馬，引重致遠，以利天下。

——《周易．繫辭下》

下達合理的完成期限

大致而言，許多作家都有一個共同的毛病：那就是非到截稿日期，絕對寫不出隻字片語。但也有另一類型的作家，他們則是先把稿子寫好放著，待截稿日子到了就交出去。無論哪一種類型，若事先規定截稿期限，對方即使不想去做，也非做不可。這便是預先設定目標，以推動人們進行工作的技巧，我們稱此為「截止期限技巧」。

許多人也許做過內田—克雷佩林心理測驗（Uchida-Kraepelin psychodiagnostic test），這是一種在一定的時間內，進行個位數加法的測驗。由於人各有異，有些人在開始進行時尚能應付，但漸漸地腦筋便不靈活了；當然，也有人能頭腦清楚地一路演算下去。從平均值來看，大部分的人在開始及結束時的品質與效率都比較好，我們稱此為「初期努力」和「終期效果」。

正因人們從事任何工作都會產生類似的中間倦怠期，因此**最好能夠把「初期努力」和「終期效果」相互連接**。譬如與其將三個小時可以完成的工作，在午餐之後指示屬下在五點以前完成，而屬下估算三個小時可完成，覺得離五點還早，於是拖拖拉拉地不願意立即著手，不如先預估對方可以完成的時間，並要求對方配合在截止時間內完成。對方在此有限時間內，必然保持緊張狀態，認為應該馬上認真地工作，以便盡快完成。如此一來，就不會浪費某些額外的時間了。

應對員工的大頭症

進入公司幾年之後，對周圍的事物大致都已熟悉，工作亦有了一番表現，這時年輕的員工便會開始發出「薪水太少了」、「工作沒有意思」、「不滿意上司」等牢騷。

在公司裡頗吃得開，即將升任主管的年輕員工，幾乎沒有不犯這個毛病的，這叫做「大頭症」。對付這種人唯一的辦法就是將他逼到前無進路、後無退步的懸崖上，適時給他一些教訓，否則等到他的氣焰如日中天時，後果就很難收拾了。運用這個辦法要注意不可操之過急，否則收不到預期的效果。以下介紹幾個基本原則：

1．以身作則：在對屬下提出要求之前要率先作示範，不是只給他任務，自己也要參與。

2．多作質詢：「你這樣做行嗎？」、「目前這種狀況，可以嗎？」經常向下屬發出這類挑戰性的質問，才能提高他們的警戒心。

3．提出要求：要求屬下拿出具體構想，並要他們貫徹執行，在遇到困難時不要使他們喪氣，要用嚴格的態度和熱誠支援、鼓勵，而在成功之後更要不吝讚美，對於經常口出怨言、懶散懈怠的人，這一招是最管用的。

4．追根究柢：「為什麼這麼做？」、「這種想法，有何依據？」像這樣經常追問，就很容易發現屬下脆弱的一面，增進你對他的認識。

5．多方面的指示：「你的想法、做法都太單純，知道別人以前是怎麼做的嗎？」以這類問題引導屬下多留意公司先例、法規、構想等，養成屬下事事研究、步步探討的習慣。

6．不要吝惜讚美：對於以上的要求，若屬下都能做到的話，那他必是一位可造就之才，大可好好誇獎他一番。

挖掘屬下未窮之能

打個比方來說，主管對屬下的管理就像遙控導彈一樣，導彈飛出去全都是靠機身附帶的液體燃料所生的能量，地上的操縱者只是負責將之引燃，控制其噴射推進的前進方向而已。同樣地，屬下執行工作也是借助自己本身蘊藏的能量，並非從外部注入的能量，因此真正能產生管理效用的是：**賦予下屬發揮所有能量的動機，並且訂立大方向即可。**

不管多麼優秀的主管也無法將屬下用繩索拉著走，或從後面趕著走，這不是主管該做的事，人的基本活動乃是屬下的自由和權利。如果將管理比喻為無線遙控，那麼管理的法則與指揮的步驟就相當於電波，主管就是電源，因此主管要有正確的信念，並將之充分發揮。

對員工委以重任

有許多基層的員工從不考慮工作的整體性，想休息就休息、不上班就不上班。總是與上司呈敵對狀態，一旦賦予他某種責任或將他升職，反而會改變態度，熱心督促屬下工作。

每個人都希望自己的地位節節攀升，若固定某人於某個位置上太久，會使人漸漸降低工作意願，因此管理者必須妥善安排，若能適時拔擢有工作倦怠症的人，說不定能使他們更樂於投身工作。當你批評員工沒有責任感、缺乏幹勁之前，不妨先確定他的能力，考慮是否將他升職，以提高他們的責任感，啟發幹勁，而不是一味地對你的員工不滿。

◆培養部屬的團隊意識

若要提高員工低下的學習意願及工作效率，除了運用動機理論外，另一方法就是喚起團隊精神，亦即夥伴意識。一般來說，任何團體一旦遭受外來的侵犯時，往往就會產生一種同仇敵愾的夥伴意識，此時屬下多半願意全然順從上司的指導，務求擊敗共同的敵人。

所謂的共同敵人，可能是與自己利益相衝突的同業，也可能是公司內互相競爭的部門。無論如何，如果沒有實際的敵人，身為上司者不妨為屬下設定一個假想敵，只要能使屬下內心衍生出給對方一點顏色瞧瞧的共同意識即可。

此外，與屬下進行共同體驗也可產生夥伴意識。此項共同體驗如果是共同勞動，更可增進密不可分的夥伴關係。所以，與其和屬下共進午餐，不如當屬下在公司加班時，你也加入他們之中，如此必能加強同甘共苦的患難意識。例如某公司的管理部經理，有一天因工作需要，將兩名屬下派往與其業務有接觸的公司處理業務索賠的問題，該經理當天湊巧也留在公司加班。此時兩名屬下打電話回公司，報告事情已處理妥當時，經理正好可以在電話中加以慰勞及鼓勵一番。這件偶然的事情能發揮了共同體驗的效果，使得公司上下的夥伴意識大為增強，所有員工的學習意願與工作效率也自然獲得提高。

這樣帶人，讓屬下尊敬你

1. **從零開始，循序漸進**
就像發動蒸汽機，首先得從燒開水開始，而且要花一段時間。這個步驟完成後，便能產生大量的動能。

2. **尋找感應，挖掘潛力**
要促使屬下發揮最大能量，必須投其所好，抓住屬下最感興趣的地方，以此為誘餌，激發其幹勁。

3. **不斷調整，創造機會**
發現屬下的潛力不容易，有時甚至連他自己也不知道，這就需要設立一個機制，讓他有機會面對各種挑戰，並從中選拔表現突出者，以此激發其他人的幹勁。

◆注重員工的工作品質

有些管理者害怕「虧本」，他們認為員工都想偷懶，只要有機會一定偷懶，會使他支付的工資變得物非所值，總想把員工利用殆盡，用最低廉的價錢要求員工做最多的工作。

由於**工作品質未必能夠量化，很難評估，唯有工作量可以看到確實的數據**。因此，他們不管如何都要員工做到超出自己所能擔負的量，結果員工根本無法有效思考，只能不停地做，變成一台機器。

要有效運用員工的才能，而不是只要求他們蠻幹，此外，還應該鼓勵員工獨立思考，不能養成隨便做做、交差了事的習慣。**「量」固然重要，「質」也不可忽視**。當然如果你經營的是工廠，那是另一回事，因為工廠的生產作業把每一個步驟都精確化，只要依規定辦事，質和量就會是一致的。但是，除了工廠的機械化工作外，其他種類的業務，員工都應具有靈活性，頭腦要活絡、能變通。

品質對於顧客非常重要，快而量多，卻可能多而無當，或是空有一個「快」字，品質卻令人不滿。身為管理者應該注重員工的工作品質，在量和質之間求取平衡，這才是管理上所應追求的。

有些時候應該給予屬下適當的壓力，但除了施加壓力，也須從各方予以協助、支持，不能放著不管。主管能利用各種機會直接對屬下進行工作指導，同時也能近距離觀察屬下的成長狀況，即所謂的善用壓力變成工作助力。

◆威迫適可而止

要使屬下的意志屈服，最快的方法就是讓他產生危機意識，譬如降薪，甚至免職。人如果受到威迫一定會心生抗拒，這種狀態若持續一定時間到難以繼續忍受時，便會漸漸產生服從意志，但如果消除恐懼感，這種服從意志又會慢慢消退。

威迫的手段雖然很少用，但如果到了迫不得已時，就必須採取徹底消除對方抵抗意志的手段。半途而廢只會增加屬下的反抗心理，有些年輕員工心高氣傲，可能會對主管報以威脅與蔑視，以致局面無法收拾。

一昧鞭策屬下拼命努力是行不通的，這種做法無法深入屬下內心，所得到的只是表面的敷衍罷了，面臨這樣的狀況時，最重要的就是管理者的意識改革，從管理者改變的決心做起，屬下才能隨之而改變。

人與人的關係是相對的，彼此之間的感情交流非常微妙，自己想些什麼，對方很容易就會了解。因此要使屬下表現誠意，領導者自己必先釋出誠意。大多數的管理者不明白這個道理，往往只要求屬下付出，自己卻不先表現出誠意。

有一本書描述魚的生態，書上記述魚大多是成群地游著，當魚群之中有一條魚感到有危險，不安地離開魚群時，其他的魚全部會感染到不安的感覺，跟著游開。最初覺得有危險的魚看見其他的魚全都跟著來，就會忽左忽右地，探測危險所在。如果在離開了魚群之後，發現其他魚並沒有隨之而來，就會再回到魚群之中。這種現象，在魚群之中經常看得到。

生理學家赫爾斯特用手術取出淡水魚的前腦後，再把魚放回水中，發現沒有前腦的魚在水中邊看邊吃邊游，看起來並沒有什麼不對。但有一點不一樣的是，當牠離開魚群之後，其他的魚沒有跟上來，牠也毫不在意，左顧右盼，悠悠哉哉地游來游去。這時，其他的魚群反而會跟著游過來。

即使在魚的世界裡，大家也要先看看帶領群眾的先鋒選擇是否正確，如果先鋒不理會他人的看法，執意勇往直前，那麼其他的魚還是會追隨之。

人也是一樣，管理者的決心若不夠堅決，就無法帶領部屬。

善用壓力變成工作助力

- 給屬下適當的壓力，但除了施加壓力，也須從各方予以協助、支持。
- 主管能利用各種機會，直接對屬下進行工作指導，同時也能近距離觀察屬下的成長狀況。

點石成金

如何任用有明顯缺失的人

詩句以一字為工，自然穎異不凡，如靈丹一粒，點石成金也。
——南宋．胡仔《苕溪漁隱叢話後集．卷九．孟浩然》

◆對待自認無能的員工

如果管理者直接了當地批評員工能力不足，那麼員工可能會認為自己怎樣努力都是徒勞無功的。平日不要說「反正什麼什麼」之類的話，也不要讓員工說這種話。以這種口吻說話時，人很容易產生一種否定情緒。管理者若老是自以為是，認為員工沒有能力而不加重用，將會使某些員工自覺委屈，怨恨批評管理者缺乏器度，覺得在這種管理者底下工作不會有前途，因而失去上進心。

不要使用消極的語言，同時也不要讓員工使用，這樣才能避免產生悲觀情緒。如果管理者從開始就認為某人「反正他也幹不好，讓他隨便試試吧」、「反正他也是失敗，給他一次機會也無所謂」，這些想法實際上並不是真正給員工機會，有人甚至赤裸裸地說：「跟那些沒有能力的人一起做事不可能成功的，我何必與他們一起失敗呢？」

其實有時自暴自棄的人並不真正是一無是處，只要能給他們機會和適當的鼓勵，還是有可能做出一番成績來，由於他們總催眠自己「反正也做不好」，結果便真的是無所作為。

要知道，這些老說自己**「反正也不行」**的人，**並沒有真正絕望**，只是距離絕望很近，公司內部若有這樣的人，管理者不應再打擊員工的進取心，而是要在絕望的懸崖前拉他一把，說不定會讓你得到一名難得一見的好員工。

◆對待刻薄易怒的人

古希臘哲學家亞理斯多德說：**「誰都會發脾氣，但要針對適合的人，掌握適合的分寸。在適合的時候，本著適合的目的，使用適合的方式。那可不是人人都能做到的。」**

如今在公司裡、在家中、在公共場所等，情緒失控發怒的人比比皆是。發怒意味著恐嚇，強迫別人屈服、讓步、認輸和俯首稱臣。

發怒可以像突然爆發的火山，也可以如緩慢上漲的潮水，無論採取何種形式，發怒的用意總是威脅和恐嚇，對付它的祕訣就是不要害怕。

如果生氣是工作上某種原因造成的，不直接牽涉到你，這時可以找一個藉口暫時迴避，氣頭上的人需要有一個同盟軍，你可以扮演這樣的角色，使對方慢慢平靜下來，但事後必須嚴肅、有條理地指出他的缺失，告誡他以後不可再如此任性。

◆對待猜忌多疑的人

遇事留神、猜忌多疑的人認為別人隨時都會攻擊、傷害他們，為了保護自己，他們總是保持高度警戒、惶惶不可終日。當然，為了保護公司或個人的利益不受侵犯，在人與人的交往中存有一點戒心是必要的，但是不信任別人，尤其是自己的同事，對於公司的發展絕對是弊多於利。

猜忌的人有以下這些特徵：永遠不感到滿意、無任何理由地防備身邊的人、分析問題多從壞的方面去想。

對待這樣的人不要急於表白自己，而是以可靠的資訊和有力的事實佐證自己的觀點。無須驚慌，要相信總有一天會水落石出、真相大白。無形之中，你的威信反而更加提高。

◆對待悲觀失望的人

悲觀主義者的言行舉止，有時會令人發笑，有時又令人可悲。悲觀主義者也許會占用你的寶貴時間、耗費你的精力、模糊你的重要判斷。但要記住，儘管他們千方百計地搜尋事物的陰暗面，但其實他們大多沒有惡意，他們只是懦弱，不應以「自找苦吃」的觀點看帶他們。

在一個團隊內，要是某一個人有悲觀失望的情緒，就能阻礙整個團隊前進，影響這個團隊的整體成績，也可能降低你的熱情和幹勁。

識別悲觀主義者並不難，他們可能是一些謹慎、小心和穩重的員工，與那些懶惰、拖延和平庸無能者是有區別的。偷懶、拖延、平庸的人往往會惹來眾怒，而悲觀主義者通常只是某些情緒無法控制，導致漸漸走向死胡同裡。

對待悲觀主義者除了在情緒上給予開導之外，安排合適的工作職位也是一種做法：如將他置於機械化作業流程的收尾，他將會成為良好的監督者，除了能避免問題發生，也能預見可能的錯誤，要是流程中確實存在差錯，他也能比別人更快把差錯找出來，這對公司的經營與自我信心的建立都有好處。

◇對待憤世嫉俗的人

憤世嫉俗者對一切都存在疑問，對人的本性和動機都不信任，懷疑、悲觀、自私都是憤世嫉俗的表現。他們的態度與其他一些消極行為一樣，具有傳染性，在公司裡悄悄地蔓延，逐漸毀掉人們的熱情、信任和忠誠，影響士氣，並磨去人們競爭進取的鋒芒。

如何對待憤世嫉俗的人呢？這裡，首先介紹一種「誇張消極法」，就是故意模仿憤世嫉俗者的言辭和舉止，甚至有過之而無不及，也就是表現得比他還要憤世嫉俗些。不過在說話時盡量要顯示出大智若愚的樣子，這樣做憤世嫉俗者的話對你就不會產生消極的影響。

除了「誇張消極法」外，還有一些巧妙的方法，可以當作你的防護罩：1．找出一些憤世嫉俗的例子，在公司裡流傳一番。這樣做會使憤世嫉俗的言行成為大家的笑料。2．用證據確鑿的事實武裝自己，正面回擊憤世嫉俗者危言聳聽的言論，且說話時記得要面帶微笑。

對待爭強好勝的人

爭強好勝者有積極的一面，凡事不肯服輸，不甘落於人後，總想擠到一流的位置、表現自己的實力。但爭強好勝的性格也有消極的一面，容易走向極端，可能因過於緊張而累垮自己、給家庭帶來消極影響、妨礙他人工作等。

對待爭強好勝者不可用同樣咄咄逼人的態度，或者以其人之道還治其人之身的方法，應該從正面引導他們，肯定他們積極的一面，並為他們創造充分發揮自我才能的條件，進而促進公司的發展。另一方面，找到適當機會指出他們這種個性所帶來的影響，以幫助他們克服自身的缺陷，走向完善。

對待情緒不穩的人

有些員工的工作情緒不穩定，時而埋頭苦幹、廢寢忘食，時而散漫鬆懈，毫無鬥志。這種人大都視工作為磨難，在工作中找不到樂趣，但又不會輕易丟開工作，只因工作是謀生的手段。他們往往沒有吃苦精神，沒有挑戰困難的勇氣，但這種人也有優點，例如：性格開朗惹人喜愛，並且重感情、善於交際。對於這樣的人管理者該如何正確以待呢？

這種人不能不用，但也不應該重用。理由很簡單，他們儘管略有才能、善於交際，但情緒不穩定，易受外界的影響。往往在關鍵時刻不能當機立斷，遇到困難時容易怨天尤人，不能毫無懼色地直視困難。若委以重任，恐怕他也無力擔當。但這種人並非無用之才，甚至是可造之材，只要有適合的職位，挖掘他的潛力，若開導栽培得當，也能成為公司棟梁。

◇ 對待自以為是的人

有些人天生活躍，性格敢於打破常規，認為天下沒有不可能的事，但又愛以自我為中心，不喜歡聽別人的勸告，總以為自己的方法，永遠是正確的。這種人對自己充滿信心，對所有的事情都採取主動攻勢，對新東西尤其感興趣，相信自己的能力，認為主宰自己命運的唯有自己。

這種人常犯的錯誤就是不顧一切極端冒險，往往只注意到自己，而不顧他人情緒。管理者任用這種人時應該認真扶持，讓他們從事開發新產品、研製新東西等，發明研究類的工作。如果想提拔這類人才，要對他們的合作精神作評估，並慢慢培養其團隊概念。

善用員工的缺點

管理者必須花心思管理員工的缺點，使缺點不致成為絆腳石

《杜拉克談高效能的 5 個習慣》一書中，提到管理者對組織的義務，就是要善用部屬的長處，對部屬的義務則是讓他們發揮出本身的長處，只看人的短處，是不配作為管理者的。

第四篇

留才

知人善用
適才適所

第28計

權力下放

如何提高員工的主動性

下君盡己之能，中君盡人之力，上君盡人之智。

——《韓非子·八經》

◇盡可能給予空間完成使命

管理者必須給予員工一定的權力，讓他們承擔一部分的責任，一旦能行使權力便會感到工作充實，了解自我的成長。此時管理者應當注意，既然給予員工權力就不用事事干涉，否則員工難以發揮出自己的實力。

管理者可以盡可能地給予員工權力，但不要從一開始就對他們寄予過高的希望。換句話說，可以給員工發揮120％能力的許可權，但實際上只希望收到80％的成效就好。只有盡可能地給予員工權力，才能訓練他們向困難挑戰的精神，並由此培養對管理者的信賴和尊敬。

美國紐約經濟界人士的研討會裡發現，促使人才成長的第一個要素是，員工從管理者那裡獲得了一定的權力，才能有機會在各方面獲得豐富的經驗。第二個要素是，在公司中擔當某種職務常出席各種會議，也能促進人才的成長。有了一定的權力，便能在某種程度上自發性地決定如何工作，擔任某種職務便能有效提升自尊心與責任感。這樣一來，人才更能快速成長。

◆眾人拾柴火焰高

管理者的最高境界是權力下放，做到權力下放才能夠與員工建立起良好的關係，並順利地把自己的理念傳達給員工，讓他們深信理想得以實現，再指引實現理想的方法。

曾經有位西方賢人說：「**衡量一個人有多偉大，就看他如何運用權力。**」平庸的管理者把保住自己的企業作為第一要務：保留住企業才能保留住權力，而貪戀權力是因為他們把權力看做是不易補充的有限資源，結果是這些人緊抓權力，不願意放棄權力所帶來的一切好處。相反的，下放權力的管理者獲得權力後，將權力分派給他的員工，訓練員工懂得怎樣動用權力和肩負責任，然後再全權交由員工大展身手，其結果就是共同分享成功的喜悅。

一個管理者應善於發現人才、任用人才，做到個人做不到的事情，這也可以說是「眾人拾柴火焰高」。美國實業家艾科卡曾說過一段話：「我沒有辦法找到那些活力十足的人，這樣的人不需要多，只要有二十五個，我就可以管好美國。」

權力下放的管理者特點

1. 超越個人能力的遠大理想

只有理想狹小的管理者才沒有雇用別人或下放權力的需求，只要理想越遠大，就越需要其他人幫助。最偉大的管理者，他的理想往往超過他們自身的能力。

2. 適度的信任他人

很少見到權力下放卻又不信任人的管理者，他們真誠地想幫助別人，也想得到他人幫助。只有當你相信別人能幫助你時，才會真的有人能幫助你。

3. 重視良好的自我形象

權力下放的管理者之所以能與別人分享權力，原因之一是他們有良好的自我形象，知道自己的優缺點、喜歡自己，從不害怕權力下放之後會被員工超越，縱使那很可能會發生。

4. 有發掘他人潛能的能力

這種人經常願意幫助別人成長發展，直到別人也成為傑出管理者。有人說：「管理者的作用是培養更多的管理者，而不是追隨者。」這類管理者願意把時間、金錢和精力與致力於提高自己收穫的人一起分享。

◆有效分派工作的技巧

綜觀一般管理者的通病，就是習慣跟部屬搶工作做。假如有客人來訪，一定是自己搶著帶訪客參觀公司。屬下不知如何處理事務時，主管就親自書寫、打電話聯絡、做結論等。這個總指揮從司儀到記錄全部一手包辦了，一面命令屬下寫企劃案、算帳。另一方面自己也動手做一樣的事，然後再把屬下的東西拿來和自己的比較。

假如主管以這種方式做事，會讓屬下們認為：「他根本不需要我們嘛！乾脆就讓他隨心所欲好了！」從而喪失了自發性。這麼一來，不僅主管的個人行動影響到全體的情緒，也把長期的目標擱置在旁，根本無法觀察整體局勢。

如此說來，一些觸目可及的問題不過是管理者對自己的職責定位不明，老是在一些與其職稱不相稱的事務上打轉，導致被員工認為是好搶功、喜歡壓迫屬下。表面上裝得好像是在教導屬下如何處理事務，其實根本就心眼小、狡猾奸詐。總之不管是否自己擅長做這些事，或自己來做會做得比較好，過度插手管理屬下所應負責的事項是會為管理帶來災難的。

換句話說，管理者應當盡量把權力交給屬下，讓他們發揮專長，負起管理、組織企劃方案的工作，否則也只是在壓抑屬下的能力，彼此之間的信任感也無從建立。

◆放手之後不再干涉

這是一個讓負責的人發揮能力的機會，而且他們對工作細節的了解也比主管多。但有時當決定好的事情已經開始進展時，主管又突然出面干涉，結果一切都要等主管裁決後才能運作，雖然口頭上說要把權力交給屬下，事實上決定權還是在主管自己手上。如果主管沒有「委託」的自信，之後又想干涉，最好整件事從頭到尾都由自己決定。

當然，負責的人必須要做工作進度報告，並避免錯誤判斷的發生，不可為所欲為。相對的，為避免負責的人在工作中有所疏忽，管理者也要做好調查。但我們卻常看到一些主管連工作細節也要干涉，在這種主管底下做事的人真的是很為難，對客戶更是不好交代。客戶會認為：「如果是這樣，為什麼一開始不先說清楚？」雖然有些客戶會對負責的人寄予同情，大多數客戶還是會認為：「今後就直接找他們主管談，免得中途又變卦。」

在外人面前，主管和屬下的意見分歧或屬下遭主管責怪，都是有失禮節的，若是談生意的場合，便會被對方看出管理上的缺失。所以管理者事先要和負責的人做好意見溝通，不能只丟下一句「都交給你」就撒手不管。一旦說出這句話就要有絕不干涉的覺悟，否則會讓屬下無所適從。如果是和公司外部的人談生意，又會牽涉到公司的信用，更要特別小心。

◇讓屬下自負其責

一個組織如果沒有章程必然混亂不堪，所制定的規章若過於瑣碎，亦會導致人心渙散。為了讓組織能長遠而有規律地運轉，並提高個人士氣，各種規章確有存在的必要。規章最好設定大一點的範圍，當屬下越過此範圍時，即可按照規定予以懲戒，以收警示之效。

以學校規定女學生裙子的例子：不可短於膝蓋等瑣碎的規定，只會造成反抗心理高漲。而此時若學校對於學生破壞規定的行為採取更嚴厲的措施，只會造成惡性循環罷了。

事實上，當人類的行動受到限制時，即會產生反抗心理。以工作場所為例，當主管擬定過於瑣碎的規定時，屬下必然會喪失工作熱情。假設主管指示女員工打一份文件，上司甲說：「文件內容是尚未決定的新產品市場調查資料，必須在下午四點發給參加常務董事會的人員。」上司乙則表示：「這份文件請用A4的紙橫打，注意行與行之間的距離，標題應放大兩倍，請盡快打好。」

就甲主管的指示而言，屬下在接到指示之後必感到身負重任，會盡力將自己的工作做好。就乙主管而言，其指示無異於讓屬下像機器人般地工作。從長遠的眼光來看，甲主管的屬下擁有在工作中不斷學習的彈性，乙主管的屬下則根本沒有自我學習的機會。

甲主管是指示出明確的大目標，再交由屬下去發揮執行；乙主管則是干涉細節部分，使人無從發揮。就所打出來的文件而言，甲主管看到文件時，如果說：「常董大多老花眼，你排的字級太小，不容易閱讀，還是重弄一份吧！」相信屬下必能坦然接受。相反的，乙主管如果說：「讀起來很費勁！」屬下可能會反駁：「我是遵照你的意思去做的啊！」

所以，真正善於指導屬下工作的主管，往往只替屬下制訂出大目標，有關細節部分，則由屬下去自行負責。

把工作分出去，
有才能的屬下一定做得比你好

權力下放

- 不事事干涉
- 給予自由發揮的工作方式
- 員工有成長的機會

＋

理念傳達

- 經營理念、方針、行動基準
- 承擔責任
- 目標管理
- 規定
- 競爭
- 品質
- 倫理
- 危機處理
- 賞罰分明

▼

激發出員工的自主性、創造力
發揮能力的最大值
獲得最大的成效

◇適當離開的好處

假設你經營一家工廠、商店或飯店，經過一段時間的努力，一切都上了軌道。當你覺得頗為成功，有點洋洋自得時，不妨適當離開一下，或乾脆出外旅遊，暫時撒手不管，等一兩個月後再看看它會變成什麼樣子。回來後，也許你會得到一些意想不到的收穫，例如：

1. 知道自己的經營方法是否得當：事情總是這樣的，當局者迷、旁觀者清，從熟悉的環境中脫身出來，能夠更冷靜地總結自己的得失，進而領悟到許多東西。
2. 給員工發揮才能的機會：因為你離開時正好把責任交給他們，有什麼能比你的充分信任更讓員工感到興奮！
3. 使員工身上的缺點暴露出來：如果你不信的話，請在離開之前留下聯繫方法，之後一定會有人偷偷跟你打小報告。不過請別為這些事情擔憂，等你充分掌握了每個人的缺點後，做點調整，他們就會明白團結合作的重要性。

◆讓屬下了解實情

有些主管指揮屬下工作只是吩咐如何做，並不說明為什麼要做，好像不願意屬下聽到更多的商業祕密，以防情報外洩。商業的核心機密、重要情報當然是管理階層才能掌握，但是一般的工作安排，乃至一個階段性的計劃，應該讓有關人員知道很多細節才對。這樣的好處是：1．**使屬下有主動精神，知其然更知其所以然**，便可發揮主動的創造性精神，想出更好的方法來達到目的，不把屬下手腳綁得太死，才能充分展現他的才華。2．**讓屬下感到被尊重**，參與感更強，責任心也會更強，他知道如何去做，怎麼做會比較好，便會把公司的事當成自己的事來處理。3．**有利於各部門之間的配合與協調**。各個部門不僅知道自己的職責，也知道其他部門的作業，便可以協調工作，避免不必要的重複勞動或不熟悉情況而造成失誤。

高明的管理者總是讓屬下了解實情，讓每一個人明確知道自己應該如何工作，也知道自己在公司中占了什麼位置。

◆協調好「放權」與「監督」的關係

一個管理者即使有再大的精力和才幹，也不可能事必躬親把公司所有的職權緊抓不放，他總會需要把部分職權交給員工，讓大家共同承擔責任，但如何下放權力，不是一件輕而易舉的事。

有些管理者自認為很開明，每次他向屬下交代任務時都說：「這項工作就交給你了，一切都由你作主，不必向我請示，隨便你做。只要在月底告訴我一聲就可以了。」乍看非常信任屬下，給了他們極大的自主權，希望他們能放開手腳不受約束，按照自己的意思去做。實際上這種授權法會讓員工們感到：「無論怎麼處理，管理者都無所謂，可見這項工作並不重要。」從這個例子中我們得到的教訓是：不負責任的下放權力，不僅不會激發員工的積極態度和創造性，反而會適得其反，引發不滿。

相反的，如果管理者每個細項工作都要參與領導，管得過多、過細，也會使屬下無所適從。高明的授權法是：既要下放一定的權力給屬下，又不能讓他們有不受重視的感覺；既要檢查、監督員工的工作，又不能使員工感到有責無權。若想成為一名優秀管理者，就必須深諳此道。

如何授權

不論何時，決定要做一件事之前，最好先花幾分鐘想想，這件事誰能夠做得最圓滿，避免把事情全攬到自己身上。你所花掉的這幾分鐘，或許可以幫你省下幾個小時，甚至幾天的時間。

如果你認為別人可以處理這個工作，不妨按下列步驟去做：

1. 訂出簡潔的工作目標。

2. 選擇被授權的人選。

3. 向他解釋工作目標，簡單列出概要。

4. 詢問被授權者將如何進行。如果認為不可行，要求他修正並決定是否採用。

5. 排定進度表及階段查核點。隨時討論工作進度，並且利用先前決定的時間點，進行查核追蹤。

授權注意！

1．你一定要和部屬完全清楚對方的意思。

2．詢問他將如何進行，並且仔細聆聽，避免只有單方面交流。

◆成功管理者的最高境界

管理者有三個境界：

第一個境界：事必躬親，十分忙碌。管理者耗費大量的時間、精力，無所不管，對屬下一百個不放心，於是其他人袖手旁觀或表面上敷衍應付。管理者出錢經營，為何還要一切身先士卒，忙碌不堪呢？

「以身作則」這個成語指的是修養而非工作。品德良好足以成為大家的表率，便已經是做到以身作則。要輕鬆做管理者，必須在工作方面做到「不在其位，不謀其政」。唯有如此，方能有所分工，讓各部門的人員充分發揮，大家各盡其責，協力合作。

第二個境界：有人分勞，管理者只掌握原則，大家都能用心去做，這是中策。嘗到「事必躬親」的苦頭，管理者體認「知人善任」的道理，知道「什麼事情都要自己決定」遲早會被累死。於是開始轉移方向，把時間和精力花在「知人」上面，了解屬下有哪些長處，接著做到「善任」，委以相應的工作，便可以把原先的「事必躬親」轉變為「群策群力」，管理者也將輕鬆不少。

然而，凡事都要管理者掌握原則，時時刻刻都要把心思放在公司上，有些人甚至寸步不敢離開公司，企業的規模便不可能大，故此一境界絕非上策。

第三個境界：人盡其責，凡事都做得很好，管理者不需操心，只要在適當的時機給予員工讚美，此乃上策，也是管理者的最高境界。

管理者有權而不需用，每個人都知道自己應負的責任，並且用心把本職工作做好，彼此相互合作又能尊重管理者，這樣管理者真是夜裡做夢都會笑醒。

這有可能嗎？答案當然是肯定的，不過管理者自己的頭腦要先整理清楚，順著自己的思路，一步一步地走下去，自然可以達到圓滿的境界。達到了第三種境界，你便可以當個輕輕鬆鬆的管理者了。

成功管理者的最高境界

主管要懂得營造利於員工提案的氛圍，只要讓屬下有參與感以及被尊重的感覺，必定能提升他們的工作品質，積極執行自己的任務。

人才搭配

用合理的人力結構截長補短

漢遭秦餘，禮壞樂崩，且因循故事，未可觀省，有知其說者，各盡所能。

——南朝宋．范曄《後漢書．曹褒傳》

◆發揮人才的集體能量

管理者在任用人才時應重視人才的合理搭配，按照企業的經營目標採取相應的人力組合，合理搭配人才。使各種專業、氣質、年齡的員工，組成一個整體優越化的人才群體結構。使群體內能相互切磋、相互激發、互相補充、彼此激勵。這樣不僅能充分發揮員工的個體作用，還可以使群體作用功能達到「一加一大於二」的狀態。特別是在進行新產品開發、技術革新和改造等活動時，如能合理組合人才，形成群體最佳結構，便能發揮集體智慧成就個人所無法到達的境界。

◆用人要講究搭配

用人必須考慮到人員之間的相互組合與搭配，如此既能發揮個人的聰明才智，又能增強集體辦事能力，可以說是用人的金科玉律。每個人都有自己的長處和短處，在用人時予以適當搭配和協調，使人人都能發揮才能，更能為以後團結合作打下良好基礎。

怎樣協調人事關係呢？不一定每個職位都要選擇精明能幹的人擔任，如果把十位自認為是一流優秀人才的人集中在一起做事，每個人都有他堅定的立場，誰也不讓步，十個人就有十個立場，到最後根本無法決斷，工作也無法推動。

可是如果十人中只有一兩個特別傑出，其餘的才能一般，**領導者與實踐者各司其職，事情反而可以順利進行。**

為了避免錯誤的人才搭配發生，請注意以下四個重點：

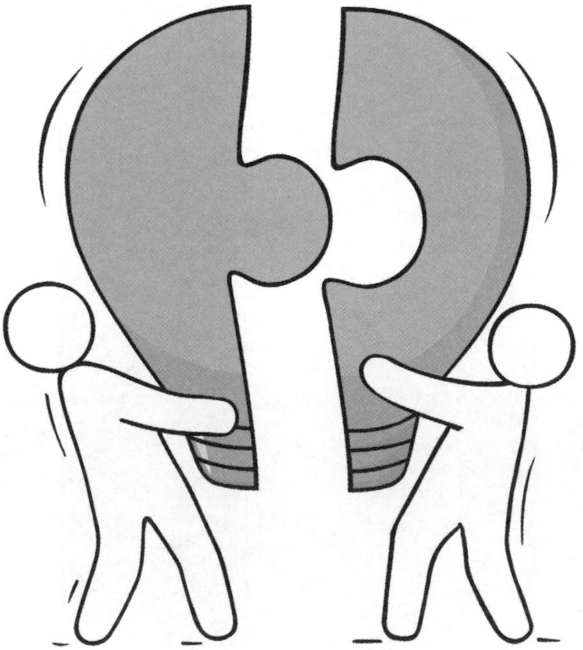

合理搭配人才的重點

1. 防止「核心低能」

核心往往能夠決定一個群體的整體效能，拿破崙一語道破了「核心」的重要性：「獅子領導的綿羊部隊，能夠打敗綿羊領導的獅子部隊。」

2. 防止「方向不一致」

對於一個群體來說，要有群體存在的依據和目標方向。如果方向不一致，會造成相互拆台、掣肘，結果必然會降低整體效能。

3. 防止「同性相斥」

正確的方法應是實現「異質相補」。十個數學家只具備數學才能，而由數學家、物理學家、化學家、文學家、經濟學家……十人組成的人才群體，將產生更大的功能。除了知識、才能，還有年齡、氣質等方面的互補。

4. 防止「同層相抵」

某個層級的成員過多，可能會造成大材小用、降格使用現象。例如一個團隊裡只有高級工程師而缺少助理工程師和技術員，高級工程師若整日忙於原本應該由助理工程師和技術員在做的事，怎麼會有時間做新產品開發等重大事項？這就是高級、中級、初級人才未合理配套所造成的人才浪費。

異性調和，幹活不累

青春期的年輕男女最需要異性朋友，只要與異性一起做事，或在同一個辦公室工作，彼此做事就格外起勁。這種情形並非由於情感的牽動，而是在同一辦公室中，如果摻雜異性在內，彼此性情會不知不覺中平和許多。辦公室內若有異性存在，有時可鬆弛神經、調節情緒，像這種男女混合編制，不但提高工作效率，也可成為人際關係的潤滑劑，產生緩和衝突的彈性作用。

工作上若無法男女混合編制，應經常舉辦聯誼活動，增加交友機會。現代的年輕人多半認為男女交往是一件正常的事，對自己的行為也大多能負責，無須過分擔心，公司方面不妨鼓勵員工多參加公司以外的活動，除特殊情形外，大致說來對公司反而是裨益良多！

優化年齡結構

有的企業領導群體，要不是一群老頭就是一群毛頭，成員之間年齡相差無幾，在需要更替時，往往搞得青黃不接，工作前後不連貫，出現周期性間斷。一般來說，年紀大的老鳥員工有經驗豐富、穩重老練、事業心強的優點，但創新精神不足，守業心理較濃厚，易犯經驗主義毛病。年紀輕的菜鳥精力充沛，思想敏銳，勇於探索創新，不過常只有五分鐘熱度。

假如管理者是同一個年齡層次，就很難做到「內閣」交替與合作，阻礙形成高效能的管理局面。

因此，必須有一個梯形的年齡結構，由「老馬識途」的老年、「中流砥柱」的中年和「奮發有為」的青年，將這三代人組成一個具有合理比例的混合體，最能發揮其各自的最佳效能。

善用職場新鮮人

年輕人有非常敏銳的感覺，能迅速接受新知識、新技術，具有很大的潛能，往往能使企業保持活力，年輕人過少會使企業氣氛過於沉悶，趨於沒落。

管理者應當投入年輕人的圈子，融入他們的思想、行動之中，積極管理、放心任用年輕人。

首先，**管理者應當懂得尊重年輕人，一方面年輕人帶來了新知識和技術，有的雖然一時用不上，但未來也不無發揮的可能，要動腦考量年輕人的特長，安排適當的工作職位，發揮他們的才能。**

另一方面，年輕人天生具有不服從權威的傾向，如果管理者不主動接觸他們，則上下難以溝通以致於產生隔閡，管理者應盡量多採取年輕人的意見、觀點，不要隨便排斥，對他們提出的意見、建議，挑選有用的、合理的加以採納，並給予相應的獎勵。

善用資深員工

某些管理者不喜歡雇用年輕人，有些公司正好相反，不找中高齡的人才，有些主管會刻意忽視，甚至暗示他們要自動辭職，這種行為實在太過目光短淺！

一個在行業裡工作多年的員工，必對該行業有很多認識，可能是一本活字典有著豐富的寶藏，但由於年紀大了或在同一地方工作久了缺乏新鮮感，衝勁和鬥志減退。他們表現固然平穩，卻難以進一步提高工作效率。上級應藉著一些機會或場合當眾稱讚這些員工，另一方面也要私下向他們提出公司的要求，鼓勵他們力求上進。

中高齡員工的經驗是年輕人所欠缺的，憑著豐富的經驗可避免許多不必要的錯誤。因此，除了在言語上的稱讚和鼓勵外，更應留意提供晉升機會，使他們能真正發揮自己的經驗和知識。

◇優化「氣質結構」

由於個人的生活環境不一樣，自然形成了性格、氣質的獨特性。有人辦事有條有理，行動敏捷；有人沉著冷靜，勤於思考；有的人感情內斂，做事精細，耐力持久等。如果「工作團體成員」都是同一性格、氣質的人，不僅不利於工作，甚至會磨擦不斷、難以共處，削弱群體的戰鬥力。

因此，一群工作團體成員們，即使完全具備了理想的知識、年齡、專業和智慧結構，若沒有調和的氣質，仍然談不上高效能工作。所以「內閣」要有調和的氣質結構，工作起來才會比較和諧，效率也會提高。特別是管理者一定要具備「將才」的氣質，善於決策和組織，其他副手也要具有輔佐的特長，才能形成最佳搭檔。

◆學會「一物剋一物」的道理

任何管理者都會遇到一些頗難對付的奸臣和小人，對待這種員工，管理者應持的正確態度為：因勢利導，對症下藥，積極促使他們改掉毛病，往好的方向轉化。

然而，在一些老奸巨猾的管理者看來，如此對待他們未免太無能了，遠不如玩弄以毒攻毒的權術顯得「高明」。因為採用以毒攻毒的方法，一來可以省去管理者不少精力和時間；二來可以「化害為利，變廢為寶」，充分利用這些特殊員工為自己服務；三來可以徹底制服這些員工。

因此這些管理者一般都樂於運用以毒攻毒的手段來對付他們。所謂以毒攻毒，就是利用員工的缺點、毛病來制服員工，或者利用員工之間的矛盾，坐收漁翁之利。

人力資源分工與整合

年輕有活力，擁有新的
知識、新技術。

思緒條理分明、主動
積極型，是團隊溝通
的潤滑劑。

資深員工，忠誠度高，
熟悉公司的文化。

人力資源分工與整合做出合適配置，
更容易引導組織內各成員朝向同一目標努力。

知人善用

第30計

看人下菜

如何分派工作

今陛下躬行大孝，鑒三王，建周道，兼文武，厲賢予祿，量能授官。

——西漢．司馬遷《史記．平津侯主父列傳》

◇管理者每天要面對的事

管理者的重要職責就是為員工安排工作任務，不但要不時向員工提出要求，同時也經常要處理員工提出的要求。當你向員工分派工作時，時常會遇到以下的抱怨：

「我以前從來沒有這麼做過，也沒有人要求我這麼做。」

「我認為這樣根本不管用。」

「為什麼不聽聽我的看法呢？」

面對這類抱怨，管理者應冷靜處事，仔細揣摩他們的內心，看他們是不願意做這份工作，還是害怕不能勝任，或是有其他不合己意的事，然後應盡量使用一些高明的技巧和方式避免這種爭執。重點是，使用技巧時要力求因人而異，根據不同的人採取不同的方法。

定人定位

把每個部門的工作細化，分成各個工作崗位，每個工作崗位安排固定的工作人員，使每個人的責任很清楚明確，對於常態的工作可以降低成本，工作出了問題可以找到是誰的責任，或至少知道去找誰。

在確定工作崗位所要求的條件之前，必須回答以下問題：在這項工作中必須做什麼？怎麼去做？需要什麼背景知識與觀點？需要什麼才能和技術？根據這些條件對工作職位進行分析，寫出說明，列舉此工作重要的職責，從而確定勝任的工作人員，做到人盡其才。

注意下達命令的方法

管理者下命令時要注意自己的措辭和態度，一句「都靠你們了」就能激勵員工士氣，對那些不好管理的員工，說話的同時最好能加一些肢體語言，例如拍拍對方的肩膀等。對於比自己年長或同齡的員工，以及有做出成績或比較神經質的員工，要盡可能採取懷柔政策。但是，對命令本身不能打任何折扣。

對這幾類員工下達命令時要溫柔

性格倔強

當管理者向他們嚴正地下達命令時，他們會感到受刺激，因而拒絕執行，即使去執行的話，也不是心甘情願的。

比自己年長或同齡

和比自己年長或同齡的員工，以及有一定成就的員工溝通時，可以對他們說：「我需要借助你們的經驗和智慧……」以這種方式表現出較為謙虛的態度。

要增加工作量時

要增加工作量或工作難度特別大的時候，要對他們說：「這工作只有你們才能完成。」

對工作特別感興趣

想使對工作特別感興趣的員工表現得更為出色的話，不妨說：「你對這種工作最有經驗，全靠你了！」

◇善於分配工作的主管

管理者如果能幹，將員工的工作分配得極為妥當，一定能引發員工的工作動力，反之則會造成員工的反抗心理。

所謂善於分配工作的主管，諸如下列所述：

1．經常檢討每個人負責的工作內容，適當地估計工作的質與量，以求分配平均。
2．仔細考慮某項工作所需完成的時間。
3．若分派給其他人，先考慮員工本身工作進行的狀況而定。

工作分配如果不恰當，易造成不滿的情緒。分配工作雖是小事，卻與員工的士氣大有關係，千萬不可忽略。

讓部屬掌握接受命令的方法

管理者需懂得下達明確的指示和命令，讓屬下發揮自己的才幹並逐漸成長。因此一定要指導屬下如何正確接受命令，同時也應積極地聆聽他們對命令提出的意見，做出正確的答覆。

當屬下接受命令之後，管理者有權督促他們立刻行動，在執行當中管理者也應當時常提醒他們，不要馬馬虎虎地工作，如果想教育屬下如何接受命令，必須注意以下幾點：

1．要求屬下接受命令的方式：準備一本筆記本，隨時簡明扼要地做記錄，如果有問題要等管理者說完之後再提問題。

2．請屬下對命令提出意見：發言應當積極、謙虛、直率地根據實際情況提出問題，並要求管理者對自己的問題給予指示。

3．請屬下接受命令後，重複一次重點：抓住命令和指示的中心，做出正確的判斷。

4．執行命令：提前做好執行命令的準備，掌握對的時機執行命令。在執行命令時要多做彙報、多找人商量，認真總結並寫出檢討報告。

◆靈活分派任務

想掌握屬下，首先要了解他的特點。十個屬下十個樣，有的工作起來俐落迅速、有的非常謹慎小心、有的擅長處理人際關係、有的人喜歡獨自埋首在資料裡默默工作。

對於只求速度、做事馬虎的屬下，若要求他事事精確，毫無差錯，幾乎不可能一蹴可及，可是許多主管明知這一事實，卻仍急躁地要求他們達到不可能有的工作效率。

各公司的人事考核表上，都印有許多有關事務處理的正確性與速度等評估方案，能夠取得滿分者才稱得上是一位優秀員工。於是，很多主管就死守評估方案作為考核眾人的依據。其實世上沒有萬能的員工，所謂滿分者，不過是他能在對的時間做對的事。

假使要讓工作的正確度更高，必然要花費許多時間增加討論的次數，犧牲了速度。有些屬下為力求快速而省去討論過程，偶或僥倖沒有發生問題，不見得代表他身具豐富經驗和高超技能。

簡言之，在人事考核表上觀察個人工作情形，合計各項評估的分數，沒有多大意義。主管應該採取實際的觀察，給予適當的工作，再從工作過程中觀察他的處事態度、速度、準確性、成果，如此才可真正測出屬下的潛能。也唯有如此，主管才能靈活成功地運用他的屬下，促使業務蒸蒸日上。

當你對屬下有了明確的認識之後，才能妥善地分配工作。一件需要迅速處理的工作，可以交給動作快速的員工，然後再由做事謹慎的員工加以審核，若有充裕的時間，就可以給謹慎型的員工，以求盡善盡美，萬一你的屬下都屬於快速型的，那麼盡其可能選出辦事較謹慎的，將他們訓練成謹慎型的員工。

◇分配工作要因人而異

一家公司好比是一台電腦，管理者就像是這台電腦的中央處理器，員工就像是各種零件。管理者負責指揮、控制公司的整體工作與員工的調配，但是要想讓這台電腦能夠準確、高效率地正常運轉，還需要各零件都能按照自己的程式良好地工作，發揮各自應有的作用。

現代社會中，人們希望自己付出的汗水能收到實在的利益，如個人能力的提高、生活條件的改善，甚至是有利於社會的效益等。所以，當你為屬下分配工作的時候，不僅要做到把任務交代清楚，還要對屬下說明這項工作的重要意義。講明該項工作獲得的效益，以及如果該項工作出現失誤將會帶來的損失等，讓屬下們感到自己從事的是一項很有意義的工作，而且責任重大，自然而然會對工作產生興趣，充滿熱情和幹勁投入。

同時要注意的是**分配工作務必要因人而異**。

對於剛剛走出校門、步入社會的年輕人，不要一味地強調他們缺乏經驗，應大膽地放手讓他們去做，把具有一定難度的工作，交由他們獨立完成。在完成過程中出現問題是很自然的，作為管理者不能漫無章法地責備，不然只會造成反效果，讓他們產生畏懼、厭倦的心理，這對他們和公司的成長都是極為不利的。

對於那些有了一定工作經驗的中級員工來說，輕易即可完成或是重複性高的工作是沒什麼吸引力的，應該把難度大於他原本已既有能力的工作交給他們，提示大方向，但不涉及細節，這樣一來員工感到身上有壓力便會開始動腦筋，想方設法鑽研，努力完成。

對於公司的基層員工來說，雖然他們每天所做的是大量重複性的工作，但仍應讓他們知道，這個工作對公司的重要性，管理者也應及時對他們的工作給予積極的評價。

只要公司的全體員工都能夠以極大的熱情和幹勁投入到工作裡，整個公司就會充滿活力，不斷地發展壯大。

分配工作要因人而異

你上次帶頭做的專案成果很好，這次請你好好指導新進人員。
你清楚工作流程又細心，許多繁瑣細節需靠你來把關。
我要培育你有獨立作業的能力，不要錯過這次與前輩一起學習的機會。

不行就換人

屬下對於主管的命令，常有「做不成，不想做」的回話，這時主管必須聽取其正當的理由。做為主管必須具有傾聽屬下訴說的肚量，屬下的意見若是正確時，主管應有改變計劃的氣度，如果屬下錯誤時，當然需要好好說服，能說服成功最好，假如說服不成功，剩下的只有三種手段：改變計劃、更換人員、運用指揮權。

若屬下一說「做不成，不想做」就馬上改變計劃，這樣的管理者很容易被視為懦弱的人。相反地，獨斷獨行的主管也會遭受到反彈，還有拘泥於商量說服，緊急關頭卻無法有效運用指揮權的主管也不行。無須置疑，運用指揮權是最後王牌，商量和說服是手段，管理者應視情況、場合選擇應變方式。

主管要有傾聽的肚量

好，這個建議不錯！你是執行者，有些地方比我清楚，讓我思考一下。如果可行，下周三就在會議表決定案。
上次也是這樣做，沒什麼成效，希望經理能改變做法。我的建議是……

選用專家

如何聘用各專業領域人才

先帝不以臣卑鄙，猥自枉屈，三顧臣於草廬之中，諮臣以當世之事，由是感激，遂許先帝以驅馳。

——三國．諸葛亮〈出師表〉

◆專業技術人才不可少

專家型的下屬具備高深的專業知識和技能，具有很強的排他性，不但不容易被取代，也不可或缺。

許多學者認為，權力並非掌握在管理者一人手上，而是分散在各專業人才手中。專家型人才在專業範圍內，必定具有權威性，這種權威性足以發揮較大的影響力，受到各方尊重，連管理者也須放下架子，洗耳恭聽。這種人才擁有影響管理者的能力，甚至成為有實無名的管理者，一定要體認到成功的業務可以為自己帶來影響力，應該利用這有利條件，提高自己在管理者心中的地位，成為管理者的得力助手。

利用專家的優勢

現代經濟資訊發展的直接後果，是分工越來越細、越來越專業化。基於這樣的背景，管理者要學會運用各方面的專家以完成工作。

由於經費和規模的限制，不要期盼現有的員工擁有你想要的專長和技能。比較理想的解決辦法是，利用各種管道，搜尋出企業需要的各種專家，來幫你解決有關法律事務、財經資訊、技術建議等。

這種顧問服務的一大優勢是：比直接聘任更省錢，設想公司若聘用管理顧問、財經諮詢、技術設計等專職員工，就必須支付昂貴的代價：高額的年薪、獎金及各種津貼。

向各方面的專家尋求諮詢協助，每次服務的收費可能很驚人，但提供的服務卻是一流的，與公司自行聘任相關高級人才相比起來較為划算。

何時該找外部人才

由於受各種條件的限制，有時必須任用外部人才，尤其適用於小企業，可解決欠缺人才的問題。

聘請專家、教授或各界高手來指導，針對該企業的問題提出解決的方式，或聘請兼職人員，明確規定權責，使他們免受內部排外情緒的干擾，以順利開展工作。例如，企業經營管理上的一些毛病，多數內部的人因身在其位，不易察覺，但外來的專家卻往往一針見血、一語說中，常能提出有價值的建議。

實際上求才的途徑和方法很多，各有利弊，每一種方法的效果不僅取決於方法本身，也與環境因素有關。因此，在選擇人才時，應根據企業具體情況，綜合使用上述方法或選取最恰當的方法，以達到廣納人才的目的。

◆怎樣選用管理顧問

管理者經常聘請社會上的知名人士、管理專家作為公司的顧問，理由是：

1 人盡其才
可委託管理顧問負責特殊的專案。

2 學有專精
經營過程中，有時會出現難以解決的問題，可交由顧問處理。

3 經驗豐富
因為顧問曾在許多不同的企業任職，通常能想出更多的應變技巧。

4 見識新穎
他們經常注意最新的研究成果，善於解決問題或是提出新的構想。

5 保持客觀
管理者往往出於個人感情和目的，難以放棄自己的決定，而外人能客觀看待事物。

6 消息靈通
他們的人脈較廣，有各方人才可以協助。

聘請的管理諮詢顧問，應做好以下幾項工作：

1．找出企業問題的癥結所在。
2．預先考慮並排除問題癥結。
3．使公司管理級人員保持最先進的管理水準。
4．撰寫諮詢報告並提出建議。
5．提出確實可行的方案。
6．觀察高階管理人員，並提出忠告。

如何選擇律師或法律專家

中小企業管理者畢竟不是法律專家，也不可能花時間鑽研法律條款，因此，必須聘請精通經濟法和刑法、熟悉小企業經營特點的律師或法律專家，擔任企業的法律顧問，以幫助企業處理經濟糾紛，維護其財產權益，防止破產，協助管理者策劃與實施併購策略等。

如果企業的經營聯繫較廣泛，涉及的法律問題就會比較多，經濟力量比較雄厚，可以到律師事務所聘請律師擔任常設法律顧問，簽訂委託合約，明訂委託人和受託律師的權利義務關係。

如何選用會計師或財務專家

這裡所謂的會計師或財務專家，是具有一定的專業知識，通曉企業融資理財業務，熟悉相關政策，能為公司出謀劃策的專業人才。

嚴格地說，一般會計不能勝任複雜的技術經濟分析、專案決策、成本控制、資本營運、財產清算、稅收繳納與規避等業務。最好是求助於會計師事務所，以幫助企業規避財務風險，慎重決策，穩健經營。

如何選擇經濟及管理顧問

小企業內懂經濟理論和管理理論的人員極少，小企業也不可能將他們都招攬進來。大企業一般都有專門的諮詢研究機構，而小企業只有向外部求援，求得諮詢意見以幫助管理者決策。企業不分大小，都應當把企業顧問視為一種資源，要在這方面捨得投入。

小企業需要了解世界及國家經濟走勢，相關行業市場動態，經濟形勢、市場相關政策與優惠條件等，這些都要熟悉經濟理論和政策的專業人士指點迷津。

管理人才是寶貴的資源，行銷管理、生產方式選擇、質量管理、成本控制、內部機構設置、人員配備與使用等，都不能憑管理者的主觀意志決定。「管理」是門科學、是門藝術，需要內行、有經驗的專家指導操作，管理者要多結識經濟研究部門、政府諮詢決策機構、大專院校有關管理院系的專家學者。

管理者應當參與一些「專題研討會」，傾聽理論專家和相關的專題演講報告，並提出問題。有時長期困擾的問題會豁然開朗，有時你會發現，該演講者正是你需要的管理顧問，可以請他幫助解決企業中的管理難題。找尋企業經濟管理顧問，最省時省力省錢的辦法，是透過他們的著作或發表的文章，並請他對企業進行諮詢與指導。

培育訓練

打造超一流的接班人

將遂練兵秣馬以出於實，實而與之戰，破之易爾。

——北宋．蘇洵〈幾策．審敵〉

◇熱心培育屬下的主管較受歡迎

若有幸在熱心教育的主管底下工作，比起在不願傳承的主管底下工作有利多了。前者能以自身知識及經驗，帶領員工和公司一同成長；後者認為教育訓練等於浪費時間，不願多花時間。二者相較之下，前者定可造就高水準的績效。

員工對主管的熱心教育程度，也有不同的意見：

1. 若只循老經驗，依樣畫葫蘆學習，蕭規曹隨，總有厭煩的一天，最好能更廣泛地教導。
2. 最好能把握工作重點，並交導他們如何與其他部門配合。
3. 希望能詳加教導其他單位的工作。
4. 多給予學習、研究的機會。
5. 學習主管的工作內容。

員工可由主管身上學到對工作的認識與做法，在前輩那邊學習實際工作情形，並且在吸收技術與知識的過程中，學會如何經營企業，思考工作時可能產生何種問題，同時明白一切作業都要配合實際工作情況。讓他們以實例練習，可使員工對於將來可能發生的問題，增加預測能力，磨練解決問題的智慧。有時亦可採取自由的態度，配合其成熟度給予適當的工作，此後再訓練他更高度的知識與技能。

這種教育訓練過程中，不能過分呵護，否則會抑制成長。有時**不妨撒手不管，養成其獨立研究的習慣，訓練個人的執行力**。偶爾出個題目讓他發揮，問問他「依你看，應如何處理？」即使部屬失敗了，也不要急著幫忙，直到他獨自克服困難為止。這種做法也許稍為嚴苛，卻很有價值。員工因為自己的努力解決了問題，便會充滿成就感，也不再畏懼面對挑戰。

及早培養接班人

管理者必須知人善任，這是很容易理解的道理。管理者不可能事事通曉、面面俱到，但可以指揮若定、調度有方。

接班人是值得重視的問題。因為無論自己晉升或退位，總要有人接替，而培養接班人，非一朝一夕之事，要及早安排。所謂「十年樹木，百年樹人」就是說人才的栽培需假以時日，更需花費精力。培養接班人要有耐心和長遠的眼光，更要遵循「路遙知馬力，日久見人心」的道理。

許多年輕人急於追求成功，視跳槽為家常便飯，這樣的人即使頭腦靈活，有一定能力，也非接班人適合人選。另一種人，誠實忠心、反應稍慢，但一旦熟悉業務，一樣有條不紊，能準確完成，應該選後者為行政管理人員的栽培對象。

行政管理人員不一定要具有一流的科技頭腦與敏捷的反應，其最大的特點是要有條理化、制度化，具平衡、協調能力，熟悉企業概況和員工的調控，更主要的是敬業樂業的精神，而這一切都必須通過一定時間的培養才能達成。

讓部屬接受多方面的挑戰

三洋電機前總經理後藤清一先生，曾在「經營之神」松下幸之助底下任職。某一次，松下對後藤的過失大發雷霆。甚至以撥火棒狠狠地敲了幾下地板，當時後藤對松下的小題大作甚感不快，真想掉頭就走。

然而，松下卻開口對他說：「很抱歉，我因為太生氣，把撥火棒打彎了，能否請你弄直。」後藤只好不情願地用鐵錘把撥火棒敲直。誰知每敲一下，心中的怒火便漸次平息，並產生「對於松下剛才指出的過失，有必要逐依改正」的想法。他將撥火棒敲直以後便交給松下，松下立刻展開笑容說：「你的手真巧，做得比原來更好了！」

後藤之所以能夠坦然接受松下的指責，有一項不可忽略的因素，就是松下要後藤敲打撥火棒這個動作。當人們持續進行一項固定的連續動作時，往往可消除積壓在心中的苦悶及不安，這也正是松下的用意。就如同練書法前，必須先磨墨，由磨墨這單純的動作，消除內心的雜念一樣。

當下屬受到責備時，難免會產生憤怒及反抗的心理，同時對自己的能力感到不安與焦慮。為了擺脫這種不安，受指責的人便想從自己的意識中，排除受指責的內容，並編出一套說詞，將自己的行為合理化，逃避責任，此種心理被稱為「防衛機制」。

為了直接將指責內容傳達給對方，必須先消除對方的不安，方法之一便是讓他進行一項單純的工作。前面提到的後藤先生即是在敲直撥火棒之後，消除了內心的負面情緒。

◆指導工作能力強的部屬

對部屬的指導，除了工作技巧外，也應包括人生經驗。

我們不難發現，有些部屬比較容易理解事物，並能有技巧地完成工作；有的部屬則凡事不得要領，總是無法順利完成交辦事項。後者遭受指責的次數自然很多。

建議上司不妨在指責的同時，也傳授相關經驗。部屬在工作過程中，除了專業技術之外，若無法學到其他事物，便會潛伏著不能獨當一面的危險。例如，自己犯下嚴重過失或需要做出判斷之際，往往由於視野太窄，而流於短視或自以為是。

過去許多金融機構一再發生員工挪用公款的事件，其共同點都是挪用公款者的工作態度皆近乎完美，使主管完全信任，疏於考核，以至無法防患於未然。然而，主管忽略工作之外的其他美德才是主因，例如誠實。

由於大多數的主管對工作能力強的屬下疏於督促，使得他們喪失工作的緊張感，以及積極尋找新目標的鬥志，在這種情況下為了給予他們新的緊張感，不妨對他們採取「吹毛求疵」的態度，以找出可予教導的機會。其實若能經常傳授意見，便可達到教導的目的。

◆只給部屬一個主題

人類有一種特殊的心理，那就是對於自己尚未明白的事，往往不願聽取他人的意見，但就像生病時不對症下藥便無法病癒一樣，一個人如果不關心自己所不懂的，便無法進步。

在商場上，一般培養員工的方法是口頭講解或提供工作手冊，這兩種方式的確有助於進入狀況，但是從教育訓練的觀點來看，卻存在著值得探討的問題。這種方式只是讓部屬依照上司的指示行動，和機器人沒什麼差別，員工習慣接受指令行事，自然也不會產生任何的學習意願。

所以最好的方式就是給予部屬一個主題，而先不提出任何意見，待他提出報告時，再提供自己的意見加以指正。

總之，欲使下屬領悟事物的訣竅，應先以他的想法展開行動，他可能會經歷一次失敗，產生具體疑問後，主管再指出錯誤及問題所在，如此必能使下屬對自己的錯誤深為了解，使學習更有效率。

如何教育和激發員工幹勁

1. 受部屬喜愛

一個願意傳承的主管，必定受到部屬喜愛，和喜歡的人一起工作，一定會很起勁，進而願意跟著學習。

2. 讓部屬對工作產生鬥志

讓部屬了解工作的意義及未來的遠景，讓部屬願意一同達成目標。

3. 讓部屬保持興趣及有意願接受挑戰

讓部屬覺得「很被看好」及「受到依賴」，並充分授權給予機會主導某些工作項目。

讓部屬觀賞一流之作

中國有句古話：「百聞不如一見」，學習任何事物都是一樣的，與其只聽他人描述，不如親自觀察一流人才實際運作。更進一步而言，如果能加以實踐，便能學到更深一層的技巧。例如許多球隊的教練為了讓球員學習資深球員的球技，除了讓他們接受一流選手的指導外，更經常帶他們觀摩國際性的比賽，讓他們親眼目睹世界最高水準的球技，然後再要求球員們身體力行。

再來看古董業者培訓店員的情形：除了口頭講解之外，管理者常會讓店員接觸實體物品，如一流的古董物品，培養他們的鑒賞力。一般來說，如果只憑口頭上的描述，無論多麼詳細的說明都無法使他們徹底了解，只有當他們面對實際物品時，才能對一件物品的價值加以鑒賞，進而培養獨具慧眼的功力。

同樣的道理也可用於對企業人員的教育。例如，對於營業部的員工，不妨讓他們觀察一流人才的工作狀況；對於建設公司的員工，則可讓他們參觀其他公司或自家公司所承建的建築物。無論如何，讓他們觀看與自己工作有關的登峰造極之作，乃是為了使他們了解自己該有什麼目標，並如何達成。

讓部屬親身體驗

如果過於擔心屬下犯錯，而事必躬親，或是給予太多的限制，不放心讓他們獨立作業，勢必會耽誤到許多真正具有才幹的人，同時也可能失去獲得良好構想的機會。

事實上，即使屬下偶爾有錯，只要過錯並不嚴重，則不必太在意。畢竟犯錯乃是成長的必經過程，尤其對於新進人員而言，若不讓他們親身體驗，將來只會遭受到更大的傷害。所以，主管應賦予屬下更多的責任，並能原諒他們的過失，讓他們親身嘗試、體驗，更能使屬下及早成長。

可惜的是，近來大多數的員工往往只聽從主管的指示行事，不肯多做自我發揮，真可說是典型的「無責任感主義者」。不過，屬下缺乏責任感，主管也有責任。

◆發掘創造型人才

在變化快速、競爭激烈的時代，企業裡需要什麼樣的員工？要培育有前途的員工，需要什麼樣的管理方式呢？

人雖然可以在被強迫的情況下，勉強做自己討厭的事，但效率一定不高。只有在出於本意的情況下，才能提高效率，尤其是親自參與工作計劃，在自己有意願的情況下，所達到的效率最高。

現在的年輕人，自我意識提高，不喜歡被強迫從事某件事，雖然由於經濟不景氣，找工作不容易，即使討厭的事還是不得不做，但在這種心情之下工作，效率一定不佳。

希望提升工作的效率，首先就要讓工作者出於自願，最好能讓年輕人也有參與計劃的機會，用逼迫並不能拔得頭籌，在競爭激烈而變化多端的時代裡，最需要的是能適應環境變化的創造型員工，而要培育這樣的員工，就一定要積極地讓員工參與計劃。

◇栽培不同層次的人才

在企業內部，由於各類人員的工作性質和要求不同，各有其獨特性。因而對不同類別人員的培訓，在安排上各有其獨特性。分別說明如下：

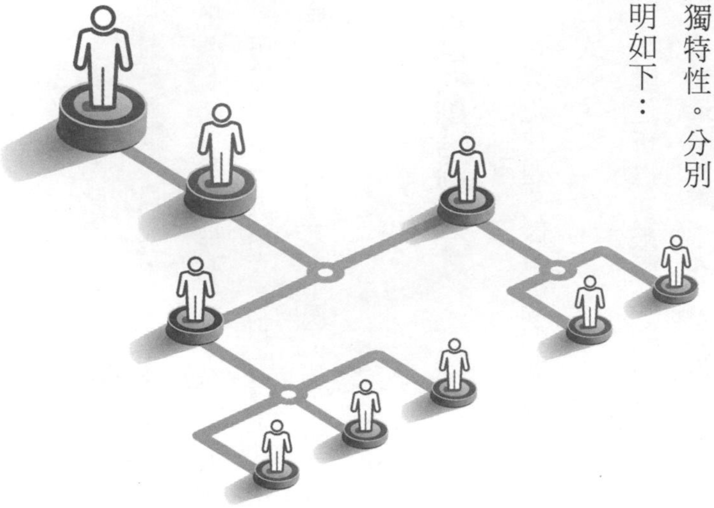

1. 基層員工

員工是企業的主體，他們直接執行生產任務，完成具體性的工作。

對一般員工的培訓是依據工作說明書和工作規範的要求，明確權責界限，掌握必要的工作技能，以期能有效地完成工作。

2. 專業人員

如會計師、工程師、財務管理師等，掌握自身專業的知識和技術，他們容易限於自己的專業，而與其他專業人員之間缺乏溝通協調。因此，培訓目的之一就是讓他們了解他人的工作、促進各類人員之間的溝通和協調，使他們能從企業整體角度出發、共同合作。

專業人員參加培訓的另一個重要目的，就是不斷更新專業知識，及時了解各自領域裡的最新訊息與社會發展相呼應。

3. 基層主管

在企業中處於比較特殊的位置，既要代表企業的利益，同時也要代表員工的利益，很容易產生矛盾。如果沒有一定的工作技巧，工作就會難以進行。

多數基層管理人員，過去都是從事業務性、事務性工作，沒有管理經驗，因此當他們擔任這個職位後，必須透過培訓盡快掌握必要的管理技能與職責，改變工作觀念、熟悉新的工作環境、習慣新的工作方法。

放縱易導致經營失控

管理者應該經常向員工解釋他的經營觀念和目標，讓他們能徹底了解企業的目標、方向和任務。經營觀念若只是紙上談兵便毫無意義，必須實際應用才能產生效果，如果管理者不強調經營方針和理念，會導致員工不知道自己的責任，影響企業人才的成長。在這種情況下，管理者再憑自己的好惡糾正或責備員工，將嚴重損傷下屬的積極性，或是放縱員工，不糾正錯誤也不加以責備，看起來好像對員工很好，卻會養成得過且過的心態，使員工不求成長，以致於無法培養出人才。

最重要的是培養部屬的人品

管理者要將具體的工作方法和技巧傳承下去，一定要記住，不要急著看到成效。管理者若對下屬寄予厚望，應對他們進行品格教育，在商業社會中，人品優劣是決定勝負的關鍵，好人品能贏得他人的信任。因此，教育員工要在人品方面多下功夫，要不厭其煩地教育他們，樹立正確的價值觀。一位管理者曾說一句話：「推銷商品前，先推銷自己的人品」，先讓對方知道你的優良人格特質，然後透過他對你的信任才能推銷成功。人品最重要的就是誠實，意即員工本身對公司和產品的熱愛，對自己工作的執著和鬥志。

第33計

提拔幹將

掌握德才兼備的標準

使驥不得伯樂，安得千里之足？

——西漢·韓嬰《韓詩外傳·卷七》

◇ 火車跑得快，全靠火車頭帶

團隊就像一列火車，常言說得好：「火車跑得快，全靠車頭帶」。因此，慎選火車頭是非常重要的，領導者必須善於選拔人才。

提拔人才，晉升有能力的人，不僅有助企業的發展，你所提拔的屬下也會對你心存感激，當管理工作遇到困難時，就會主動伸出援手，幫你度過難關，當工作萬事俱備，他們也會助你一臂之力。

被提拔的屬下往往比你更容易接近其他的員工，他們之間的關係通常也比較密切，當你的某項決定不被眾人理解，難以貫徹實施時，被提拔的屬下一帶頭，大家也許就跟著一起動手，如果他和大家解釋你所作決定的道理，大家可能會馬上明白理解，這時被提拔的屬下無疑已成為你的得力助手。但請記住，屬下不能胡亂的選拔，要建立在一定的基礎上。

首要的條件是：被選擇、提拔的屬下必須是德才兼備，讓其他屬下所信服的人。

一些屬下的業務能力、技術水準等方面的確高人一籌、出類拔萃，但是他們可能缺乏起碼的職業道德，經常違反工作條例，不能給其他屬下好感。這樣的人有才無德，如果你不加分析地選拔、提升上來，很難說服其他屬下。弄不好，大家還會產生不良情緒，給你帶來麻煩。

一些屬下善於拉攏人心，工作上從沒有違反過工作紀律，對同事、上司和其他人都八面玲瓏，實際工作卻表現不佳，工作任務勉勉強強能夠完成，且品質極差。

這種無才之人，儘管其他屬下都給予好評，但絕不能提拔，如果他真的被提拔上來，更重要的工作會使他招架不住而敗下陣來，既影響了部門的工作，也會讓你這位提拔者感到難堪。

更重要的是，這種屬下雖然受到其他同仁的好評，但是如果他真的被提拔了，其他人就會有意見。有意見的人會認為，這種人只是人緣好，才能並不比別人好，為什麼要提拔他而不提拔我們？再說，他根本就勝任不了新的工作。這種意見的存在，無疑也是不利於工作的。

巧妙地提拔、論功行賞乃天經地義的事情，一個有能力、有成就的人是應該得到快速升遷的機會，但是請別忘記，人與人是相互影響的，提拔一個人往往會影響到其他人。

若提拔不當就會破壞人事關係的穩定，開罪其他員工還可能因此失去受提拔者。因此，在提拔一個人時，**要慎重考慮以什麼樣的速度提拔，提拔到哪一個位置，才不影響其他人的情緒。**

美國有一家企業在提拔一位年輕人時，就處理得極為藝術。這位年輕人極具才幹，剛來公司幾個月就顯現出非凡的才華與能力，使他的上司顯得黯然失色。這樣的年輕人顯然應得到升遷。

但是，如果將他提升到他上司的職位或超過這一職位，很可能會引起爭議，破壞公司的安定，於是這位年輕人被調至遠離總部的某個駐外國代表處擔任主任。這個職位其實實質上算連升了三級，但公司內卻沒有人太注意，也沒有反感與牢騷，年輕人如魚得水，聰明才智得到極大的發揮。

◆妒忌心強的人不能委以大任

一般人難免會妒忌別人，這是一種正常的表現。有時候這種妒忌可以直接轉化為前進的動力，但是如果妒忌心太強就容易產生怨恨，覺得他人是自己前進的最大障礙。到了這種地步，往往就會做一些過於激烈的事情來，甚至憤而背叛也毫不為奇。

俗話說：「宰相肚裡能撐船」，這種人器量太小，絕對不是一個好的幹將，不能委以重任。三國時的周瑜不能不說是一位將才，可就是因為妒忌心太強，而栽了跟頭。

妒忌心太強，容易產生怨恨，覺得他人是自己前進的最大障礙。

目光遠大的人可以共謀大事

所謂有抱負的人也就是目光相當長遠的人。不同的人有不同的眼光，有些人比較急功近利，只顧眼前利益，這種人目光短淺，雖然會暫時表現得相當出色，但是卻缺少一種對未來的把握和規劃能力，做事只停留在現有的水準上。

如果管理者本身是目光遠大的人，對自己的企業發展有明確的定位，找個目光遠大的人當助手是個很好的選擇，因為這類人最能與管理者相輔相成，以發揮他的長處。

一個能共謀大事的合作者，往往能在某些重大問題上提出有成效的見，這樣的人像是「宰相」和「謀士」的角色，而不僅僅是助手而已，如果管理者能找到這樣的人，對事業的發展無疑是如虎添翼。

瞻前顧後的人能擔重任

瞻前顧後的人往往思維比較縝密，能居安思危，能考慮到可能發生的各種情況和結果，並很明白自己的所作所為。這種人往往也很有責任感，會自我反省，善於總結各種經驗教訓，工作是越做越好，總能看到每一次工作中的不足，以便於日後改進，如此精益求精，成績自然突出。

有時候這類人會表現得優柔寡斷，但這正是一種負責任的表現，管理者大可放心地賦予重任。

◆千萬不要親近性格急躁的人

這種人往往受不了挫折，常常會因為一些細小的失敗而暴跳如雷、自怨自艾。這樣的人做事往往毫無計劃，喜歡貿然採取行動，等到事情失敗又怨天尤人，從不去想失敗的原因，做事也很少能成功。如果管理者遇到這樣的人，就該遠離他，以免受到牽累。

◆絕不可以重用偏激的人

過猶不及，太過偏激的人往往缺乏理智、容易衝動，也就容易把事情搞砸，這正如太過挑嘴的人，身體就不會健康一樣。思想如果過於偏激就不會成大事，這種人總是讓事情走向某一個極端，等到受阻或失敗，又走向另一個極端，這樣永遠也到達不了最佳狀態。就像理想和現實的關係，理想往往是美麗的，不斷引發人們去追求，但是如果缺少現實的依據，理想也只能是空中樓閣。

相反的，如果滿腦子考慮的都是瑣碎的現實，終究會淹沒在現實的海洋裡，眼前只剩一片迷茫。

◆善於做大事的人能受人尊敬

一個企業就像一支球隊一樣，有相互合作也有明確的分工，有的人對於本職工作做得兢兢業業，不辭勞苦，但是管理者卻不把重大的任務交給他們，這是為什麼呢？

管理者必須明白，有些人只能做一些小事，不能期望他們做大事，這些人往往偏重於某一技術長處，卻缺乏一種統御全局的才能，所以絕不能因為小事辦得出色便把大事也交給他來做。善於做大事的人作風果斷而犀利，安排各種工作遊刃有餘，能起到核心作用，也就必然受到人們的尊敬。善於做大事的人不一定能做小事，而小事做得出色的人也不一定能做大事，管理者一定要分辨的出這兩類人，讓他們各司其職、分工協作，才能取得最大的效益。

◆耐心期待大器晚成的人

有的人有些小聰明，往往能想出一些小點子，把事情點綴得更完美，這類人看起來思維敏捷、反應靈敏，的確討人喜歡，但是也有另一些人表面上看起來不聰明，甚至有點傻氣，卻往往深藏不露。

對於這類大智若愚的人，管理者一定要有足夠的耐心和信心，絕不能由於一時的無所作為而冷落他，甚至遺棄他，這類人往往能預測未來，注重長遠的利益。既然是長遠的利益，也就不是一朝一夕所能達到的，信任他並給予重任，不能讓這類寶貴的人才流失，**要有足夠的耐心和信任，等待他發光。**

◆輕易決斷的人不牢靠

無論大事小事，一定存在著各種問題，做事情說到底也就是解決這些問題。

如果一個人輕易就斷定事情沒有任何問題，這表明他對這件事看得還不夠深入，這種草率作風是極不牢靠的一種表現，如果讓他來做重大的事情，得到的也只能是一些令人失望的結果。這種人不可輕易相信，否則吃虧的只能是自己。

◆拘膩於小節的人不會有大成就

做任何事情有得必有失，利益上有大也有小，要想取得一定的利益必然要捨棄一部分小利。如果一個人總是在一些小細節上爭爭吵吵、不願放棄，那也終難成就大業。

就如同做廣告，企業越大，廣告也做的越大，現在很多跨國集團所創的世界名牌，都是長年累月廣告效應的成果，有的一年廣告費就高達幾億，但是他們的利潤卻比這高出好多倍。某種意義上，眼光看得越遠，所能獲得的回報也就越多。

輕易許諾的人不可靠

許多事情的發展往往不會順著人們的意願，隨時可能出現各種無法預料的情況，一個負責任的人，因為凡事要先做全面而系統的考慮，才不會輕易許諾。這樣的人才是可靠的，不要因為他們沒有承諾而不委以重任，只要給予充分的信任，激勵他們的積極性，事情多半會成功。

另有一類人隨口就答應，表現得很有自信，到頭來卻不能完成使命，他們也常常為自己輕易打下的包票，找出各種理由推諉搪塞，對於這種輕諾又寡信的人，千萬不可信任。

輕易答應的人，就容易輕易反悔。

說話有分量的人定能擔當大任

口若懸河、滔滔不絕的人，未必就是能擔當大任的人。這種人常常沒有什麼真才實料，他們只能藉由口頭的表演取信別人，抬高自己身價。

真正有能力的人只講一些必要的言語，一開口就常常切中問題的要害，這種人往往謹慎小心，沒有草率的作風，觀察問題也比較深入細緻、客觀全面，做出的決定也實際可靠，獲得的成果往往更加實在。所謂「真人不露相，露相非真人」，講的就是這個道理。

所以，一個管理者應該注意一些少言寡語的人，他們的言論往往最有參考價值，切記不可被一些天花亂墜的言語所迷惑，這也是一個成功的管理者所應該具有的鑒別力。

提拔人才看的是潛力：才德兼備

適才適所
第34計

妙炒魷魚

如何解雇不適任的員工

德薄而位尊，知小而謀大，力小而任重，鮮不及矣。

——《周易．繫辭下》

◇解雇員工的方法

做出解雇的決定對管理者是很艱難的，尤其是解雇與你朝夕相處，和你接觸最多的屬下，即使所有人都認為他並不適合這份工作，甚至是害群之馬，當你想要解雇他之前，還是會斟酌再三，你不得不考慮解雇帶來的一連串複雜的問題。

他的離去會對其他員工產生什麼影響？他負責的工作如何繼續？是否考慮再增加新的員工？被解雇的員工是否有後台，他們會採取什麼樣的舉動？光是這一些問題就足以令你頭痛，這也許就是作為管理者最大的困擾之一。

儘管如此，對於效率低下進而嚴重影響組織運作的員工，還是要當機立斷，公司畢竟是以營利為目的的組織，你對員工負責，同時也對公司負責，對被解雇的員工負責，同時也要對其他員工負責，不能為了某種原因犧牲所有人的利益，保護和縱容一個員工的破壞行為。

解雇員工的法則

一旦員工真正被解雇，會有許多的牢騷、怨恨、困難，當下暫時不要給予任何承諾，同情他們的處境之餘，只能說：「我必須這麼做」。或許也有這種情況：某人早就知道自己會被開除，當你真正做出決定，他可能感到如釋重負。招聘、解雇人才已是平常事，但解雇員工畢竟棘手，「當斷不斷，必留後患」，在此提出幾項解雇員工應注意的事：

1. 選擇有利時機：解雇員工之前應暗地採取措施，對內設法收回可能由解雇人員帶走的資訊等，對外提醒重要客戶留心這件事。
2. 暗示員工辭職：解雇某人最好的方式是讓他自己提出辭呈，管理者須準備應給的遣散費並提前告知，必能減少員工的怨懟。

解雇沒得商量

解雇是一門藝術，解雇員工之前要先給予以警告，尋找合適的時機，明確地告訴他們「你的行為不合乎公司的規定，如果不改善，很可能會失去工作」，並給予機會修正：「如果對自己的工作還有留戀，要盡快恢復最佳狀態，展現實力。」

若員工意識到失業的威脅而開始認真工作，便提醒他以此為鑒、記取教訓，以免重蹈覆轍，倘若警告起不了作用，最終只好革職。

◇ 選擇有利的時機

解雇員工應注意的關鍵問題是，選擇對你有利的時機。無論經營的是什麼行業，如果某個員工，掌握了一定的客戶或業務，在你未做好替代他的準備工作前，不要解雇他。你也許會用上幾天或是幾年的時間，為解雇某個人做準備。

在你等待時機時，應暗暗地在內部、外部兩方面採取措施。在公司外部，可以在解雇某人之前，提醒重要客戶，告訴他們，公司與某人之間有矛盾。這樣做可以使你與客戶的關係親密起來，並且表達出你們公司在某人離開之後對這項業務，仍然十分感興趣。

在公司內部，應該安插另外一個員工，到這個人的位置上。做法有很多，你可以讓這個人的助手，負擔起更多的責任，或者介紹另一個部門的經理與這個人的客戶認識，並且開展這方面的工作。

◇果斷處置不心軟

對任何企業或管理者而言，開除或解雇員工總是一件不愉快的事，因為這或多或少地反映了企業存在某些缺陷或不足之處。

甲先生在業績未達目標、應收款帳無法收回的情況下，想離開公司，一走了之。臨走之前，公司得到情報，他準備將客戶和業務，以及有關公司的商業機密一併帶走。為免打草驚蛇，行銷部特地在他離職前安排他出差，當他離開辦公室後，派人查封他的辦公室，取走了屬於公司的檔案資料。當他回到公司時，交給他的是一張解聘書。這種做法並非不講情面，對於這種人只能當機立斷，否則陰謀得逞，恐後患無窮。

◇留下的人才是最重要的

一般企業解雇員工，不外乎下列幾個原因：

1. 員工不能達到公司的要求。
2. 營運不佳，必須裁員。
3. 內部問題，如：派系鬥爭。

其實解雇人不難，也不用擔心他會詆毀公司，因為不論你怎樣做也不會讓這種人改變，重要的是仍然留任的員工，雖然被解雇的不是他們，但他們內心多少會有心理壓力，身為管理者的你，一定要說明解雇某人的原因，以免其他員工有不安全感。

推心置腹

如何聽取員工的意見

李侍郎紹，江西安福人。與人交，必推心置腹，務盡忠告。

——明．焦竑《玉堂叢語．卷七．規諷》

◆怎樣處理員工的意見反映

切忌輕忽員工的意見，基層員工對工作現場的觀察，往往比高高在上的管理者更清楚，和員工交流是主管了解情況的重要管道，也是吸取新觀念與建議的重要管道。

有一個例子，五金行的員工建議管理者在店中間放一張桌子，專賣價值一毛錢的商品，管理者採納了他的建議，生意很好，這促使那位員工想到另一個主意「為什麼不開一家只有幾分、幾毛錢，就能買到東西的廉價商店呢？」於是他向管理者提出了構想，並請求由他來經營這家店，只要管理者提供資金即可。

管理者說：「這一個計劃絕對不可行，因為你無法找到許多值幾分錢、幾毛錢的商品。」一年輕人對此感到非常失望，他決定靠自己的努力去做，最後他成功了，他就是享譽美國的百貨零售大王伍爾夫。他的前老闆後來談到這件事說了這句話：「因為我拒絕伍爾夫的一句話，失去了獲利一百萬美元的機會。」

假使這位老闆接受了伍爾夫的建議，也許他就成了美國的零售業大王，由此可見，員工很有可能提出真知灼見，管理者應該重視員工的意見才對。

願意請聽員工意見、受到員工尊重的人，才是真正的領導者，若是一發生問題，主管將責任推給屬下或者是質問屬下，一時難以處理的便避而不答，都會讓屬下感到不受重視、講什麼都沒用，以後乾脆什麼都不要講好了，那以後還會有人給管理者任何建言嗎？

◆謙卑地聽取員工的意見

主管總是將自己想像成具有智慧、經驗、能力、知識、技巧及品德集於一身的賢者，總認為任何事只要他一個人說了就算。一些主管常對員工說的一句話是：「我對了就是對了，我錯了也是對了。」主管很少聽得進去員工的意見，像這種人，絕不是做決定的最好人選。

其實優秀的主管永遠是謙卑的，他們明白員工懂得比自己多，更了解真實的情況，所以最好做決定前，應先聽取員工的意見。但是這並非意味主管必須事事參考員工的意見，而員工參與決策也要有一定的限度，畢竟帶領公司前進的是管理者。

做決定前要充分收集員工提供的資訊及建議，與員工討論，一方面可保證決策的正確性，同時也讓員工覺得受到尊重。

謙卑的人總是虛心學習，不會因為自己身分的尊貴就對人頤指氣使，遇到問題時會尋求協助。

怎樣得到員工的認可

「尊重」是不分長幼、大小，也不分位階的，是管理者與員工互動時最起碼的要求。管理者若沒有打從心底尊重員工，與員工接觸時便會產生以下這兩種情況：

好的領導者願意傾聽員工的意見

真正的領導者是願意傾聽員工意見、受到員工尊重的人，如果一發生問題主管就將責任推給下屬，或者對於下屬的提問，因為一時難以處理便避而不答，都會讓下屬感到不受重視、講什麼都沒用，以後乾脆什麼都不要講好了。

一是盛氣淩人，傷了彼此的自尊與感情，破壞自己在員工心目中的形象，甚至導致員工想盡辦法抵制。

另一種情況是敷衍了事，對於員工提出的建議都是左耳進、右耳出，員工不是傻子，你是否把他們的意見當一回事，他們都一清二楚，他們會覺得自尊心受到傷害，並認為你連最基本的尊重都不懂。

事實上，管理者沒有理由輕視員工，一家公司的營運若沒有員工的努力與付出，管理者就算是有再好的計劃都會被擱置不動。因此，管理者與員工近距離接觸的前提是，打從心底真正尊重員工，將員工當成朋友。

得到員工認可的具體步驟

1. 傾聽　用心傾聽他說的每一句話。
2. 凝視　觀察他的態度、表情、情緒等。
3. 述說　傳達並表示支持他的心意，必要時給予適當的意見。
4. 提問　利用提問進一步引出對方的想法，幫助他整理出答案。

讓談心成為一種制度

世界著名的管理者大多都非常重視員工交流，並且都有相關的規定。例如，摩托羅拉企業在這方面的做法就很獨特，無論本地員工、外國員工還是總經理，都在同一個餐廳用餐，而且規定每一季，部門經理都要和他手下的員工進行一次誠懇的對談。

某知名企業規定每年員工和部門經理要有一到兩次「個人發展計劃」的談話，部門經理根據員工的個人發展要求，以及該部門的情況，適度安排員工的培訓計劃。

戴爾企業總裁麥可戴爾，每星期都要和約二十五名員工一起吃飯，強調客戶至上的準則，傾聽他們的意見。由此可見，管理者有計劃地與員工溝通，是與員工近距離接觸的基礎。

談心也是一種溝通藝術

談心也是一種溝通藝術，或許你可以試著做做看：

- 有時候在工作時與屬下溝通，有時候利用下班後進行溝通。
- 和部屬去聚餐時，最好捨棄是為了溝通才去的態度。
- 若想要得到良好的溝通成效，別特別主動提工作的事，要想辦法製造良好的氣氛，當他開口想跟你討論時，再仔細傾聽他的意見。

◆怎樣營造溝通的氣氛

談話的氣氛很重要，有些美國企業的做法可作為借鏡。在美國，每個企業都有一個茶水休息間，裡面有熱咖啡、小點心讓人享用，一杯香醇的熱咖啡下肚，員工心中的緊張情緒一掃而空，管理者想了解員工的情況，可以端一杯咖啡走到員工座位旁聊一下，咖啡喝完了，目的也達到了。

此外，應該多加利用集會。集合下屬開會，目的在於理解工作目標和作業方法，彼此溝通，並讓每個人自由發言。

當大家有衝突或者是出現許多失敗與困難時，為了改善氛圍，可以暫時中斷工作、集合眾人討論，藉以提高整體的效率。

◆及時回應員工的意見

甲和乙是朋友關係，也是同行且同質性高，他們都懷有遠大的抱負，各自創立公司擁有品牌，甲的公司後來倒閉了，而乙的公司業績則蒸蒸日上。某天兩人相聚，公司倒閉的甲跟成功的乙怨嘆：「我們雖然用同樣的方法經營公司，可是我的命不好，公司倒了。」

乙對甲說：「不是你命不好，而是你聽取別人意見後，常未及時答覆，時間拖久了，員工們會認為你根本就不在意，徵求意見只是象徵性地做做姿態而已，自然沒有人再提意見了，你錯失了改進的機會。而我是在收到別人的意見後，一定會在十五天內想辦法回覆，無法短時間解決的也會給予說明，隨著問題一一解決了，公司就慢慢上了軌道。」

這兩個朋友的經歷說明：只聽取意見和建議是不夠的，重要的是要在一定期限內回覆員工，讓員工感覺到受管理者的尊重，重視自己的意見，自然而然形成對企業強烈的歸屬感與認同感，就會全心全意地工作。

◆激起下屬的參與感

管理者和員工之間永遠充滿矛盾，雖然管理者可以硬性規定，強制下屬無條件配合執行，但效果未必有效，有時反而會適得其反。

此時不如採用「參與式」管理方式，在需要改善管理方法時，讓員工參與決策，說明需要改變的理由，使他們了解整個方案的制訂過程與結論，進而精確地執行。

這種做法看起來很花時間，但因為達成共識，員工有受到重視的感覺，更能支援配合，實際上會獲得更高的成效。

打持久戰

向上向下管理得宜，成功離你不遠矣

> 鍥而舍之，朽木不折；鍥而不舍，金石可鏤。
>
> ——《荀子．勸學》

◆與上司打交道要一視同仁

中階主管要與高層打好關係，首先對每一位上司要同等對待，你與上司關係的遠近連帶影響著你的工作，不要因為某位上司的脾氣與你不契合，就刻意躲著他，逃避溝通。你必須懂得和不同的上司往來，努力尋求共同語言，力求溝通無礙。

如果你與某位上司過分熱情交往親密，而刻意與其他上司疏遠，無論是向上互動或是執行工作，都不會有好結果，因此要秉持一視同仁的原則。還有，有種人會當著一位主管的面批評另一位主管，像這種人是得不到任何人信任的，因為大家都明白，他會在某主管面前說另一位主管的壞話，必定也有可能當著另一位主管的面批評你。

與上司關係良好，可以清楚地了解他的期望，你就能知道如何設定目標，達成任務，也就能獲得良好的工作成效，連帶你帶領的部門工作業績也會蒸蒸日上。

對惡上司只能忍，不能怨

在你眼中若總是認為主管各方面都糟透，腦中有了這種想法，就會在不知不覺中成了偏見，即使他有一些優點，也會被你的偏見給抹煞。應該要檢視一下自己的看法是否是太主觀了。例如某天是你的情緒低落，剛好上司那天的態度不太好，燃起了你的怒火而引起誤解和反感，原本一件很平常的事卻被想得很嚴重，就把萬事都歸咎到上司頭上。

在這種情況下，如果意氣用事，甚至衝動辭職、另謀出路，豈不是太莽撞了嗎？等事過境遷就追悔莫及，你已辭掉工作，即便叫苦連天又能怨誰？

上司的工作方法和處事態度是多年養成的習慣，你不能期望改變他，所以必須用理智的態度重新評價上司，深入了解他的脾氣與個性，再根據上司的特質，朝著對雙方有利的方向去做，必能增進你與他的情感。

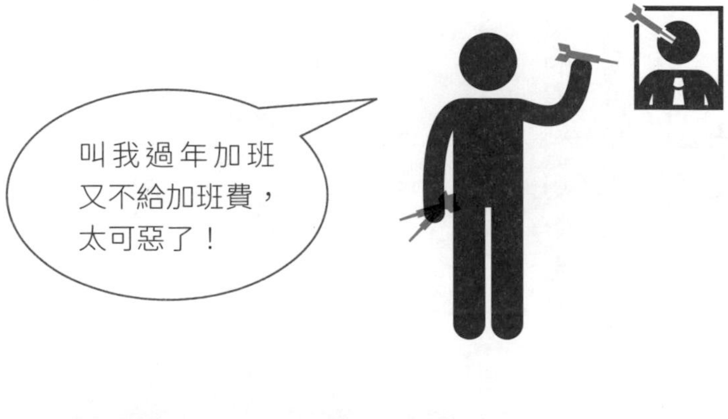

與上司保持一定的互動接觸

有些時候，在執行工作前可以先私下找機會與上司溝通一下，了解他的決策是出自何種考量、何種目的，才做這樣的決定。也許他是為了考量大局，不得不這麼做，也許決策有特殊的用意，也許決策是錯誤的，甚至沒有什麼道理可言。當遇到這種情況時，唯一的辦法就是了解決策背後的依據到底是什麼，才能知道自己該怎麼做。

許多情況你必須得了解公司的未來發展走向才能執行工作，若對此視若無睹，就無從知道上司在想什麼，無法配合上司協調工作，也無法實現工作目標。

每位上司學歷、修養、性格、興趣和工作經驗的差異，決定了他們的工作方法和思維方式，所以與不同的上司相處，要採取不同的方法。

與上司們保持經常性的互動接觸，絕不是要你卑躬屈膝地討好奉承，畢竟他們也不是省油的燈，過於諂媚反而會自曝其短。再則若一味順從，不敢提出反對意見或指正上司錯誤的人，很難成就大事業。

不要對上司期望太高

若你總是期望得到上司的理解、支持和幫助，希望透過上司的地位和運作，得到晉升的機會，而沒有把重點放在自己的專業上，比如你所做的工作是否對公司成長有幫助，或者是有傑出的表現。如果沒有，你的期待一定會落空，因為上司不會無故提拔一名平庸的下屬，即便是勉強把平庸的人放到高位，相信也勝任不了那個職位。最糟糕的是，可能引起眾人怨聲載道。

因此，不要有不切實際的奢望，要根據自己的實際情況訂立目標，並努力追求。

有些人往往因為欲求過高，難以滿足，結果懷恨在心，與上司發生衝突，造成關係緊張。若是對工作的期望合情合理，便會因為容易滿足而心情感到愉快，對上司相互的尊重和信任，也能保持良好的關係。

◆學習欣賞上司

能成為高階主管必有其過人之處，因此作為中階主管，應該懂得學習欣賞上司，若質疑他的能力、甚至瞧不起，不只對工作沒有幫助，還會影響自己的工作衝勁。

怎麼說呢？因為常常在背地裡批評上司的人，很難得到別人的尊敬，若是偶爾這樣，別人當是訴苦，可是時間久了，別人便會認為你只是會把過錯歸咎給別人，是一個不懂得反省的人。

撇開人格不談，單就公事而論，上司的處事一定有值得學習之處。如個性沉著、遇到事情冷靜應對、有冒險精神或公私分明等，反正總有自己不及他的地方。

找出上司的優點，不只可消除怨懟還能學習容忍，尊重和接納與自己不同的人，更重要的是，上司的優點可以讓自己省思自身不足之處。

如果能欣賞上司，他自會察覺到，就正如他能從言談中知道你對他不敬一樣。

別跟管理者搶風頭

花費心力為上司完成重要的計劃，就自以為是、得意忘形，認為得到稱讚及獎勵是理所當然的，若你有這樣的想法就大錯特錯。

你的上司未必會因你有功而迫害你，但鋒芒太露、功勞過高，不免容易將自己陷於危險的境地。或許，上司的能力不一定比你強，但他地位穩固，即使你能幹、有功勞也不能自以為是，因為每個人心底深處都有弱點，特別是有地位的人，不想被人指導。假如上司採納了你的意見而成功，那就要將功勞歸給他，讓他感到主意是自己想出來的，而不是你教他，你只是認同他，相信之後獲得他青睞的機會便會大大提高。

「冷板凳」常常是自找的

受到上司的輕視，甚至刻意忽略，的確令人難堪。處在這種情況的人應冷靜仔細分析，找出應對方式。被上司看重，畢竟是有助於工作的進行。不過，最好先搞清楚，你真的受到忽略嗎？

為什麼會這樣說呢？因為有可能只是你的錯覺，其實上司對你和其他人一樣，並未厚此薄彼，可是由於你的要求太高、太急，過於敏感，而產生一種「上司唯獨看不起我」的錯覺。

在這種情況下，重要的是調整心態，心理上的自卑、多疑、敏感等不健康狀況會影響你的行為，而你的行為會影響到上司對你的看法。若真正不受重視，要找出原因：

想想看，你的能力可以擔當重任？你是否有表現出堅定的自信？你平時的處事是否表現出精明幹練？

再來，更應該自我審視的是，你平時塑造的形象如何？關鍵時刻是否能顯露才華？家家都有難念的經，有一本叫做「婆媳經」，婆媳之間總是容易意見不合，工作中，往往會讓你倒楣地遇上一位不通人情、難以相處的上司，你不必因此影響工作情緒，也許你的上司是因為專業能力強才得以升職，只是你對他的管理能力不太認同，你只能改變與上司的相處方式而不能選擇上司。

在日常工作中常會發現上司犯了某些錯誤，如果你為他的錯誤感到遺憾，

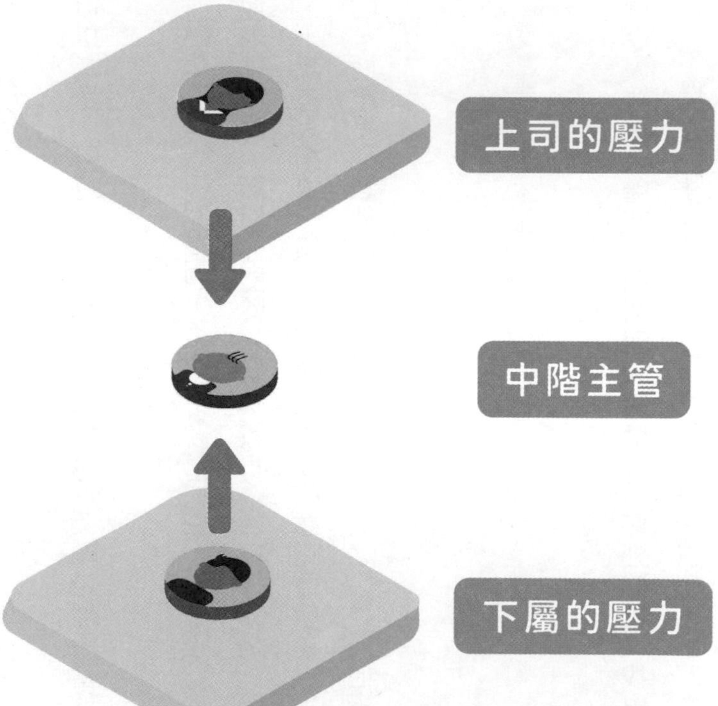

中階主管的壓力來自於上司與下屬

千萬不要輕易地牽事於人，認為你的上司就是萬事皆惡。其實某些事對他來說，也是進退兩難的，有的錯誤發生也是事出無奈，背後複雜的原因你可能一無所知。建議你可以採取一些適當的方式，與他坦誠地溝通。

再者，你的上司周圍往往也會有層層相疊、盤纏交錯的關係網、人脈網，上司的上面還有上司，在處理問題時，必須考量各方面的利益關係，有時上司的日子也許比你的日子還不好過。

◆ 跟「老狐狸」打持久戰

有些上司的管理作風可能會讓你無法接受，是因為他們事業心極強，過度將精力專注於團隊的運作和下屬的管理工作，而缺少了一些人情味。

當我們發覺上司的所作所為使自己一籌莫展，又確實影響自己工作發展時，就應該要好好思考一下，是否有改善的空間。如果真的無法改變現狀，就不得不考慮是要繼續堅持下去，還是另謀出路。

但是，假如你找到的新環境不比現在好，就要慎重考慮一下，難道現在的環境已真的讓你感到毫無希望了嗎？因為開展新的工作不僅需要花費極大的精力，而且不一定比你現在的處境更有利於發展。既然如此，還不如咬緊牙關，與難纏的「老狐狸」打持久戰，相信自己一定會有出頭的一天。

加入晨星

即享『50 元 購書優惠券』

回函範例

您的姓名：晨小星

您購買的書是：貓戰士

性別：●男 ○女 ○其他

生日：1990/1/25

E-Mail：ilovebooks@morning.com.tw

電話／手機：09××-×××-×××

聯絡地址：台中 市 西屯 區

工業區 30 路 1 號

您喜歡：●文學 / 小說 ●社科 / 史哲 ●設計 / 生活雜藝 ○財經 / 商管

（可複選）●心理 / 勵志 ○宗教 / 命理 ○科普 ○自然 ●寵物

心得分享：

我非常欣賞主角…

本書帶給我的…

“誠摯期待與您在下一本書相遇，讓我們一起在閱讀中尋找樂趣吧！”

國家圖書館出版品預行編目（CIP）資料

管人36計【攻略版】：《孫子兵法》&《三十六計》的人才管理與智慧應用 / 許可欣編著 . -- 初版. -- 臺中市：晨星出版有限公司, 2022.10

面；　公分. --（Guide Book；271）

ISBN 978-626-320-250-4（平裝）

1.CST：孫子兵法　2.CST：研究考訂　3.CST：企業管理

494　　111014430

Guide Book 271

管人36計【攻略版】

《孫子兵法》&《三十六計》的人才管理與智慧應用

編著	許可欣
編輯	余順琪
特約編輯	余思慧
內頁繪圖	腐貓君
封面設計	耶麗米工作室
美術編輯	張蘊方
創辦人	陳銘民
發行所	晨星出版有限公司 407台中市西屯區工業30路1號1樓 TEL：04-23595820　FAX：04-23550581 E-mail：service-taipei@morningstar.com.tw http://star.morningstar.com.tw 行政院新聞局局版台業字第2500號
法律顧問	陳思成律師
初版	西元2022年10月15日
初版二刷	西元2023年06月20日
讀者服務專線	TEL：02-23672044／04-23595819#212
讀者傳真專線	FAX：02-23635741／04-23595493
讀者專用信箱	service@morningstar.com.tw
網路書店	http://www.morningstar.com.tw
郵政劃撥	15060393（知己圖書股份有限公司）
印刷	上好印刷股份有限公司

定價 300 元
（如書籍有缺頁或破損，請寄回更換）

ISBN：978-626-320-250-4

圖片來源：腐貓君、shutterstock.com

Published by Morning Star Publishing Inc.
Printed in Taiwan